Contabilidad Básica

657
OL48c Olivares, José.
Contabilidad básica. Guía de estudio
/ José Olivares, Francisco Sánchez.
1a. ed. — Santiago de Chile: Universitaria, 2025.
196 p.; 18,5 x 26,5 cm. — (Textos Universitaria)
Incluye índice.

ISBN Impreso: 978-956-11-3107-1
ISBN Digital: 978-956-11-3108-8

1. Contabilidad.
2. Contabilidad – Problemas, ejercicios, etc.
3. Estados financieros.
I. t. II. Sánchez, Francisco.

Texto compuesto en tipografía *ITC New Baskerville 11/14*

Se terminó de imprimir esta
PRIMERA EDICIÓN
en los talleres de Eclipse Impresores JR,
Camino de La Colina 1456, Huechuraba,
en febrero de 2025.

DIAGRAMACIÓN
Yenny Isla Rodríguez

DISEÑO PORTADA
Norma Díaz San Martín

IMAGEN DE PORTADA
Composición imágenes freepik.com

www.universitaria.cl

IMPRESO EN CHILE / PRINTED IN CHILE

José Olivares · Francisco Sánchez

CONTABILIDAD BÁSICA
Guía de estudio

La publicación de esta obra fue evaluada
por el Comité Editorial de Editorial Universitaria
y revisada por pares evaluadores especialistas en la materia,
propuestos por Consejeros Editoriales de las distintas disciplinas.

FACULTAD ECONOMÍA Y NEGOCIOS
UNIVERSIDAD DE CHILE

EDITORIAL UNIVERSITARIA

Los autores expresan su gratitud al Departamento de Administración de la Facultad de Economía y Negocios (FEN) de la Universidad de Chile, cuyo apoyo financiero fue muy importante durante el desarrollo de este libro. Extendemos también nuestros sinceros agradecimientos al ayudante Benjamín Cabezas por su valiosa colaboración.

Índice

Prólogo 9

Capítulo 1: Mercado de capitales y empresa
- Introducción 11
- Mercado financiero 11
- Comentes 15

Capítulo 2: Ecuación contable y estados financieros
- Introducción 21
- Caso práctico 21
- Comentes 45
- Ejercicios 51

Capítulo 3: Proceso contable
- Introducción 87
- Caso práctico 88
- Comentes 111
- Ejercicios 119

Prólogo

A lo largo de nuestra carrera como docentes a nivel de pregrado y postgrado, hemos percibido las dificultades que los estudiantes enfrentan para comprender la contabilidad. Esta problemática implica que los estudiantes buscan constantemente textos didácticos y sencillos que les ayuden a entender y aplicar el lenguaje contable. Temas como la ecuación contable, el proceso contable y la elaboración de los estados financieros constituyen, sin duda, los pilares fundamentales para la comprensión de esta disciplina.

Este libro surge como respuesta a esta problemática de los estudiantes acerca de la necesidad de una guía de estudio que no solo brinde pautas de ejercicios, sino que también ofrezca explicaciones detalladas que faciliten la comprensión del desarrollo del ejercicio.

Comprender la contabilidad requiere de una sólida base respecto de los fundamentos de la contabilidad. Por ello hemos incorporado las sugerencias de nuestros estudiantes que se esfuerzan en dominar tópicos claves como la ecuación contable, el proceso contable y los estados financieros. Este texto es el resultado de comprender y abordar dichas dificultades e inquietudes.

Es oportuno destacar que este libro no pretende reemplazar aquellos textos de teoría contable, sino que se concibe como un complemento que facilita el estudio y la comprensión de la contabilidad mediante la aplicación teórica y práctica. Para aprovechar al máximo esta guía de estudio, se requiere complementarla con la lectura de textos que abordan detalladamente los fundamentos de la contabilidad financiera.

Por tanto, este libro se transformará en un aliado de estudio en este arduo camino hacia la comprensión de la contabilidad. Cada capítulo introduce un tema específico por medio de un caso práctico, seguido de afirmaciones para evaluar la comprensión teórica, culminando con ejercicios y su respectivo desarrollo con explicaciones detalladas.

En el Capítulo 1 se destaca la importancia de la contabilidad y los actores involucrados en la elaboración de los estados financieros, resaltando su relación con el mercado financiero. El Capítulo 2 se enfoca en el registro de transacciones y la elaboración de los estados financieros usando la ecuación contable. Finalmente, el Capítulo 3 formaliza este registro y la elaboración de estados financieros.

En definitiva, este libro acerca, en cada capítulo, a los estudiantes a un entendimiento más completo de los fundamentos de la contabilidad. Con un enfoque pedagógico, confiamos en que este texto se convierta en un recurso valioso para el desarrollo académico y profesional de nuestros estudiantes.

CAPÍTULO 1
Mercado de capitales y empresa

Introducción

El propósito de este primer capítulo es destacar la trascendencia de la divulgación de información contable mediante los estados financieros fundamentales, así como el Estado de Situación Financiera, el Estado de Resultados y el Estado de Flujos de Efectivo. Esto se aborda desde una perspectiva práctica, enfocándose en la importancia de estos informes financieros para el adecuado desarrollo del mercado financiero. Toda información financiera divulgada en los estados financieros es la pieza esencial para que los agentes, participantes del mercado financiero, puedan evaluar el desempeño financiero de la empresa.

Mercado financiero

El mercado financiero constituye el espacio donde individuos y empresas llevan a cabo transacciones financieras mediante la compraventa de instrumentos financieros. En este entorno convergen aquellos que buscan ahorrar en el presente con aquellos que desean solicitar préstamos para invertir en activos en el presente y pagar esa deuda con los flujos de caja que generarán esas inversiones o activos. Para ilustrar este proceso, se considera el caso de SMU S.A., una sociedad anónima abierta cuyas acciones se cotizan en la Bolsa de Comercio de Santiago y que opera en la industria de supermercados en Chile y Perú. Se supone que SMU S.A. necesita financiar la apertura de nuevos locales de venta y carece de los recursos financieros necesarios. En este escenario, la empresa podría obtener recursos líquidos mediante un préstamo bancario, una emisión de nuevas acciones (aumento de capital) por medio de una emisión de bonos (deuda) en el mercado financiero.

No obstante, para que estas transacciones sean efectivas, el mercado financiero requiere la participación de un tercer actor conocido como intermediario financiero.

Intermediarios e instrumentos financieros

El intermediario del mercado financiero desempeña el rol fundamental de facilitar el contacto entre aquellos que buscan ahorrar su dinero y aquellos que requieren financiamiento. Uno de los actores más conocidos en este contexto son los bancos, cuyo negocio consiste en unir a las personas y empresas que desean financiar proyectos hoy con quienes desean ahorrar recursos hoy para consumir mañana. El banco se beneficia de la diferencia entre las tasas que se ofrece a los ahorrantes y aquellos que buscan financiamiento, conocida como *spread*. Para ilustrar este concepto, se considera el caso de un estudiante que desea ahorrar sus excedentes de efectivo. Este estudiante podría optar por un depósito a plazo en el Banco de Chile, obteniendo así la tasa de captación ofrecida por la entidad. Posteriormente, el Banco de Chile podría prestar este dinero a una empresa como SMU S.A., exigiendo a esta última la tasa de colocación que sería mayor que la tasa de captación. En consecuencia, con el *spread* de tasas, los bancos hacen rentar su negocio, permitiéndoles obtener utilidades que luego pueden distribuir entre sus accionistas en forma de dividendos.

Asimismo, si SMU S.A. necesita financiar su plan de inversión, como es la adquisición de terrenos y construcción de nuevos locales, mediante la emisión de acciones o de bonos, las bancas de inversión como Larraín Vial, Bice Inversiones y CrediCorp juegan un rol esencial en esta operación. Estos intermediarios financieros facilitan la colocación de estos instrumentos financieros en el mercado financiero. Luego estos papeles, así como acciones y bonos, son negociados día a día por los corredores de bolsa en la Bolsa de Comercio de Santiago y Bolsa Electrónica. Por ejemplo, si CAP S.A., una sociedad anónima abierta que cotiza sus acciones en la Bolsa de Comercio de Santiago y que opera en la industria minera, desea invertir sus excedentes de efectivo producto de las utilidades obtenidas, en las nuevas acciones o los bonos de SMU S.A. debe llevar a cabo la transacción por medio de un corredor de bolsa, quien cobra una comisión por intermediar la compra y venta de estos instrumentos financieros.

Un aspecto importante para tener en cuenta es que las acciones de las sociedades anónimas chilenas podrían transarse, además, en bolsas de valores extranjeras. Por ejemplo, la Compañía de Cervecerías Unidas (CCU S.A.), una sociedad anónima abierta chilena que opera en la industria de bebidas, cotiza tanto sus acciones en la Bolsa de Comercio de Santiago como en la bolsa bursátil más grande e importante del mundo, que es el New York Stock Exchange (NYSE). Sin embargo, las acciones chilenas no se puede transar de forma directa en estos mercados bursátiles estadounidenses. Para lograrlo, CCU S.A. necesita que sus acciones sean transadas en el NYSE como un American Depositary Receipts (ADR), que son títulos emitidos por un banco estadounidense, como son JP Morgan y Bank of New York Mellon, que garantiza el ADR con acciones de CCU S.A.

Además de los bancos y los corredores de bolsa, en el mercado financiero participan otros intermediarios financieros, como las administradoras de fondos mutuos, de fondos de inversión, las administradoras de fondos de pensiones, las empresas de *leasing* y las compañías de seguros.

No obstante, para que estas transacciones se materialicen, es crucial contar con información y confianza en el mercado de capitales, lo que subraya la importancia de la participación de un regulador.

Regulador y asimetrías de información

En Chile, la Comisión para el Mercado Financiero (CMF) tiene como objetivo principal regular el mercado financiero. En particular, esta institución pública tiene cuatro funciones: normativa, sancionadora, supervisora y desarrolladora y promotora de los mercados de capitales. La CMF se fundó el 23 de febrero de 2017 a partir de la Superintendencia de Valores y Seguros (SVS). Posteriormente, en junio de 2019, se incorporó a esta institución la Superintendencia de Bancos e Instituciones Financieras (SBIF). La SVS tenía como función principal regular a las sociedades que emiten títulos de deuda y accionarios en el mercado de capitales, mientras que la SBIF se encargaba de supervisar a los bancos e instituciones financieras para proteger los fondos ahorrados por los ahorrantes.

La CMF impone a las entidades fiscalizadas, como SMU S.A., CAP S.A. y CCU S.A., la obligación de publicar trimestralmente información contable mediante la presentación de estados financieros. Esta exigencia busca que los participantes en el mercado financiero puedan tomar decisiones informadas acerca de dónde invertir sus dineros y reducir las asimetrías de información. Sin embargo, no es suficiente que la información esté disponible; también se requiere que sea confiable. La CMF delega esta responsabilidad de asegurar la confiabilidad de la información financiera en los auditores externos y las clasificadoras de riesgo.

Las firmas de auditoría externa son instituciones privadas encargadas de emitir una opinión acerca de si los estados financieros cumplen con las normas contables y reflejan de manera razonable la situación financiera, los resultados operativos y la liquidez para los periodos en que se presenta la información contable. En el caso específico de SMU S.A., la firma auditora internacional KPMG, que forma parte de las *big four*, llevó a cabo la auditoría de sus estados financieros en el 2022, emitiendo la siguiente opinión, que se puede encontrar al inicio de sus estados financieros de ese año: "[...] los mencionados estados financieros consolidados presentan razonablemente, en todos sus aspectos significativos, la situación financiera de SMU S.A. y Filiales al 31 de diciembre de 2022 y 2021 y los resultados de sus operaciones y los flujos de efectivo por los años terminados en esas fechas de acuerdo con las Normas Internacionales de Información Financiera". Esta opinión de la firma auditora señala que los estados financieros de SMU S.A. reflejan de manera adecuada los aspectos financieros claves de la compañía y que cumplen con las normas contables requeridas en Chile para su preparación y elaboración.

Por su parte, las clasificadoras de riesgo, como International Credit Rating (ICR) Chile y Feller Rate, son entidades encargadas de evaluar y clasificar el riesgo asociado a los bonos y acciones, principalmente utilizando la información contenida en los estados financieros de las empresas. La evaluación del riesgo de instrumentos de deuda a largo plazo, como bonos, se realiza mediante la asignación de una letra, donde "AAA" representa el riesgo más bajo y "D" el riesgo más alto. Feller Rate e ICR Chile son las clasificadoras de riesgo de SMU S.A. que llevaron a cabo la evaluación del riesgo de sus bonos. En 2022, según la página 102 de los estados financieros consolidados de SMU S.A. de ese año, la clasificación de riesgo otorgada a sus bonos es "A+". Esta clasificación lo que busca es evaluar la capacidad de pago que tiene la empresa frente a la emisión de acciones y bonos que están vigentes en el mercado.

Información financiera

Como se mencionó anteriormente, las sociedades que participan en el mercado financiero divulgan periódicamente información contable por medio de los estados financieros. Estos comprenden cuatro informes conocidos como el Estado de Situación Financiera, el Estado de Resultados, el Estado de Flujos de Efectivo y el Estado de Cambios en el Patrimonio Neto.

Si un inversionista necesita obtener información acerca de las obligaciones y los recursos disponibles de SMU S.A. al cierre de un año, debe consultar su Estado de Situación Financiera. En cambio, si el mismo inversionista está interesado en conocer si SMU S.A. generó utilidades o incurrió en pérdidas durante el año y cómo se obtuvieron estos resultados, debe revisar y analizar su Estado de Resultados. Además, si el inversionista está analizando el Estado de Flujos de Efectivo de SMU S.A. para el año, es porque necesita información de cómo la sociedad generó dinero y en qué lo utilizó. Por último, el Estado de Cambios en el Patrimonio Neto de SMU S.A. presenta los cambios que experimentó en el periodo la inversión realizada por los accionistas, resumiéndolo principalmente en el capital aportado, la utilidad o pérdida del periodo y los dividendos declarados.

Los estados financieros pueden ser del tipo individuales o consolidados, y su diferencia principal consiste en que los estados financieros consolidados muestran la situación financiera, los resultados de las operaciones y la liquidez de un grupo de empresas. En cambio, los estados financieros individuales presentan la información financiera de una única empresa. La obligación de presentar estados financieros consolidados ocurre cuando una sociedad tiene el control sobre otra, es decir, cuando domina la toma de decisiones de la otra entidad, lo que generalmente ocurre cuando tiene el 50 % + 1 acción de las acciones.

Según la Memoria de SMU S.A. de 2022, la compañía actúa como la sociedad matriz y tiene el control de sus filiales en Chile (Unimarc, Mayorista 10, Super 10 y Alvi) y en Perú (Mayorsa y Maxi Ahorro). Cada una de estas sociedades preparan sus estados financieros individuales, pero debido a que SMU S.A. ejerce el control de estas filiales, también SMU S.A. debe preparar y presentar estados financieros consolidados. En el proceso de consolidación, SMU S.A. suma extracontablemente cada cuenta de sus estados financieros individuales y los de sus filiales, dando como resultado los estados financieros consolidados.

Organización de una empresa como sociedad anónima

De acuerdo con la Memoria de SMU S.A. de 2022, la compañía es una sociedad anónima, lo que significa que es una persona jurídica formada mediante la contribución de un fondo común aportado por accionistas, quienes son responsables únicamente hasta el monto de sus respectivas inversiones. La empresa es administrada por un directorio y su capital social está dividido en acciones, representando la totalidad de los derechos de propiedad sobre la sociedad. Adicionalmente, SMU S.A. califica como sociedad anónima abierta debido a que cuenta con más de 2.000 accionistas, siendo la familia Saieh Guzmán el accionista mayoritario. Las acciones de SMU S.A. cotizan en la Bolsa de Comercio de Santiago y forman parte del Índice de Precios Selectivo de Acciones (IPSA), el principal indicador accionario de dicha bolsa.

También la Memoria de SMU S.A. de 2022 señala que el directorio de SMU S.A. está compuesto por nueve miembros titulares, quienes tienen la responsabilidad de establecer la estrategia general de la compañía. Para ello revisan y aprueban los planes estratégicos y de inversiones propuestos por la administración, monitoreando posteriormente los avances y resultados de estos. Por su parte, la administración está encabezada por el gerente general, quien depende directamente del directorio y recibe informes de las distintas gerencias corporativas.

Comentes

1. Un amigo experto en el mercado de capitales comenta que los bancos son un intermediario financiero que se encargan de captar el dinero de los ahorrantes y de prestar dichos recursos a quienes necesitan financiamiento. Comente.

   Explicación:
   Verdadero. El banco se encarga de captar de las personas y entidades que ahorran en el presente, cuyo beneficio es la tasa de captación. Luego, estos fondos captados por el banco son prestados a quienes necesitan financiamiento, siendo el costo la tasa de colocación.

2. Un inversionista solicita al banco financiamiento para su emprendimiento de consultoría del mercado de capitales. El ejecutivo de cuentas indica al inversionista que el costo del financiamiento es la tasa de colocación del 7 %. Comente.

   Explicación:
   Verdadero. Toda persona o sociedad que obtiene financiamiento debe pagar los costos del sistema financiero, cuyo costo se traduce en la tasa de colocación.

3. Una alumna universitaria está estudiando para el control de lectura de contabilidad del primer capítulo del texto guía, quien no entiende el concepto de *spread* de los bancos. Ella pregunta a su amiga que es experta en contabilidad quien responde lo siguiente: "El negocio de los bancos es cobrar a los inversores una tasa de colocación, la que es mayor que la tasa de captación que las instituciones bancarias ofrecen a los ahorrantes". Comente.

   Explicación:
   Verdadero. El negocio de los bancos es la diferencia entre la tasa de colocación y la tasa de captación. Esta diferencia de tasas es la ganancia que obtienen los bancos (*spread*), debido a que la tasa de colocación es mayor a la tasa de captación.

4. El Estado de Resultados es el estado financiero que muestra la situación financiera de una empresa, porque incluye para un periodo todos los elementos que componen la ecuación patrimonial. Comente.

Explicación:
Falso. El Estado de Resultados entrega información acerca de las utilidades o pérdidas que generó una empresa en un periodo explicada mediante la diferencia entre ingresos y gastos. Por tanto, solamente incluye los saldos de cuentas que tienen relación con ingresos y gastos, las que causan un cambio en el patrimonio vía resultados acumulados. La situación financiera se presenta en el Estado de Situación Financiera.

5. Un estudiante universitario está discutiendo con su amigo referente a los dividendos de una sociedad anónima, cuyo amigo señala que estos son iguales al reparto de las propiedades, plantas y equipos (PPE) de la empresa. Comente.

   Explicación:
   Falso. Los dividendos son el reparto de las utilidades generadas por una empresa a los accionistas. Este reparto es en efectivo y no en PPE.

6. Un famoso profesor de contabilidad señala que, para invertir en acciones del club de fútbol más grande de Argentina, el que transa en la Bolsa de Valores de Argentina, necesita una compañía de *leasing* como intermediario financiero. Comente.

   Explicación:
   Falso. Si bien el profesor tiene razón que para invertir y comprar acciones se necesita un intermediario financiero (corredor de bolsa), no es correcto que se requiera de una compañía de *leasing* para realizar dicha transacción. Las compañías de *leasing* no se dedican a ofrecer títulos de deuda o acciones, sino su función principal es proporcionar financiamiento para la adquisición de un activo como propiedades y maquinarias.

7. Un experto financiero de redes sociales indica que para obtener la licencia de corredor de bolsa en Chile debe cumplir con tener un permiso otorgado por el Ministerio de Economía de Chile y poseer al menos una acción. Comente.

   Explicación:
   Falso. El experto financiero tiene razón que debe poseer una acción. No obstante, la licencia se solicita a la Comisión para el Mercado Financiero (CMF).

8. Un experto en finanzas explica que no hay problema con manipular los estados financieros, porque en Chile es legal. Comente.

   Explicación:
   Falso. En Chile es ilegal manipular las cifras financieras y utilizar información privilegiada. El regulador financiero (la CMF) investiga y castiga estas malas prácticas. Además, es obligatorio que los estados financieros anuales incluyan el informe de auditoría realizado por auditores externos, quienes dan una opinión tanto del cumplimiento de las normas contables y cómo los estados financieros reflejan la situación financiera, resultados económicos y liquidez de la empresa.

9. Una sociedad anónima cerrada que emite bonos de oferta pública al mercado financiero no debe publicar información financiera periódicamente. Comente.

Explicación:
Falso. Una sociedad anónima cerrada al emitir un instrumento de deuda en el mercado de capitales queda sujeta a la fiscalización de la Comisión para el Mercado Financiero (CMF), por esta razón, debe divulgar sus estados financieros trimestralmente debido a que los inversores necesitan información para tomar la decisión de invertir en bonos.

10. Una profesora de contabilidad comenta que la Comisión para el Mercado Financiero (CMF) es un organismo privado muy importante para el mercado financiero chileno, porque este debe supervisar el cumplimiento de las normas, establecer un marco regulador para el mercado, aplicar sanciones frente a los incumplimientos del marco regulador y promover diversas iniciativas para el desarrollo del mercado, como la creación y difusión de instrumentos financieros. Comente.

    Explicación:
    Falso. Las funciones mencionadas por la profesora son correctas, sin embargo, la CMF es un organismo público.

11. Las firmas de auditoría externa son entidades privadas que no validan la información y cifras financieras, sino que emiten una opinión referente a estos datos y del cumplimiento de las normas contables. Comente.

    Explicación:
    Verdadero. Las auditoras externas no validan la información contenida en los estados financieros, sino que emiten una opinión pertinente a la razonabilidad de los estados financieros y cumplimiento de las normas contables.

12. Las clasificadoras de riesgo son entidades que se dedican a evaluar el riesgo de no pago de una compañía que emite bonos a base de sus cifras financieras. Comente.

    Explicación:
    Verdadero. Las clasificadoras evalúan el riesgo de no pago de las empresas que emiten títulos de deudas (bonos) utilizando como uno de sus insumos el análisis de la información contenida en los estados financieros. El riesgo más bajo de no pago es "AAA", mientras que el más riesgoso es el "D".

13. Un famoso profesor de contabilidad explica que una empresa debe preparar estados financieros consolidados cuando dicha empresa posee el 5 % de las acciones de otras empresas. Comente.

    Explicación:
    Falso. La obligación de preparar estados financieros consolidados ocurre cuando la empresa matriz tiene el control de otra empresa (filial), es decir, la matriz dirige la toma de decisiones financieras de las filiales cuando tiene más del 50 % de las acciones de una empresa.

14. Según un experto en contabilidad, un inversionista usualmente obtiene el control de una empresa cuando posee el 50 % + 1 acción de sus acciones y es elegido presidente del directorio. Comente.

Explicación:
Falso. Un inversionista con tener el 50 % + 1 acción de las acciones de una compañía usualmente ejerce el control y con ese título podrá elegir al presidente de la sociedad, la mayoría de los directores y, por esta razón, al gerente general, porque este último es elegido por el directorio.

15. El gerente general de una determinada sociedad anónima abierta usualmente compra y vende acciones de la compañía que dirige en la Bolsa de Comercio de Santiago, aprovechando la información contable que ha sido aprobada por el directorio, pero aún no divulgada al mercado de capitales los resultados financieros de su sociedad. Comente.

    Explicación:
    Falso. El uso de información privilegiada implica negociar en las bolsas de valores con datos no públicos, lo que se considera ilegal debido a que proporciona ventajas respecto de los otros participantes del mercado financiero. Este tipo de transacciones socava la confianza en el mercado, viola los principios de transparencia y de simetría de información para todos los actores del mercado, y genera conflictos de interés. La Ley 18045 ("Ley de Mercado de Valores") castiga el uso de información privilegiada, la que tiene como objetivo garantizar el acceso igualitario a la información financiera de los participantes como es conocer todos juntos los estados financieros a una misma fecha.

16. Tras no concretarse la fusión con la cadena de casinos chilena Dreams S.A., Enjoy S.A., compañía dedicada a la explotación del negocio de casinos de juego y que cotiza en la Bolsa de Comercio de Santiago, ha trabajado en la elaboración de estrategias a largo plazo destinadas a recuperar su rentabilidad. Estas estrategias incluyen la evaluación de opciones para una transacción estratégica significativa. En este contexto, la empresa está investigando el interés de posibles inversores para una eventual fusión o asociación comercial, lo que podría implicar la combinación de acciones o activos de la compañía. Debido a que esta información no ha tenido un impacto en los estados financieros, no es obligatorio su divulgación en el mercado financiero. Comente.

    Explicación:
    Falso. La comunicación de hechos esenciales juega un rol crucial en promover la transparencia de la información financiera dentro de los agentes del mercado financiero, asegurando que todos los inversores cuenten con acceso equitativo a la información significativa para sus decisiones de inversión. Es un requisito para las compañías que cotizan en la Bolsa de Comercio de Santiago divulgar esta información en forma oportuna, de tal forma que todos los agentes tengan acceso a ella al mismo tiempo. Se debe entender que una información es de carácter esencial cuando esta sería considerada importante para las decisiones de inversión de los participantes del mercado financiero y que esta puede afectar las futuras utilidades de la empresa.

17. Si la empresa auditora KPMG, tras revisar los estados financieros consolidados de SMU S.A., emite un informe con salvedades de opinión (inconsistencia en la aplicación de criterios contables), esto implica que la empresa está involucrada en prácticas contables inapropiadas o fraudulentas. Comente.

    Explicación:
    Falso. La presencia de una salvedad de opinión en el informe del auditor no implica que la empresa está involucrada en prácticas contables inapropiadas o fraudulentas. Una salvedad de opinión puede surgir por varias razones, como limitaciones en el alcance de la auditoría o desacuerdos con la gestión acerca de la aplicación de ciertas políticas contables, pero no es indicativo de prácticas inapropiadas o fraudulentas por parte de la empresa. Sin embargo, la significancia de estas salvedades debe ser evaluada por los inversores y otras partes interesadas antes de tomar decisiones basadas en esos estados financieros.

18. La situación financiera anual de una sociedad anónima abierta se elabora y se presenta al mercado financiero el 31 de diciembre de cada año. Comente.

    Explicación:
    Falso. La fecha de cierre contable anual es el 31 de diciembre de cada año, lo que significa que los estados financieros incluirán los hechos económicos de la empresa hasta esa fecha. Sin embargo, los estados financieros anuales se pueden presentar hasta 90 días corridos desde la fecha del cierre contable anual. Por ejemplo, los estados financieros consolidados de SMU S.A. de 2022 se divulgaron el 13 de marzo de 2023. Además, las sociedades anónimas reguladas por la Comisión para el Mercado Financiero divulgan estados financieros trimestrales respecto de su situación financiera, desempeño económico y liquidez.

19. Tras el acuerdo comercial entre AD Retail S.A. y La Polar S.A., empresas que operan en la industria chilena del *retail*, la clasificadora de riesgo Feller Rate confirmó la clasificación de la solvencia y las líneas de bonos de AD Retail S.A. en "BB-". Paralelamente, la clasificadora de riesgo asignó un *creditwatch* (revisión posterior) negativo a sus clasificaciones. Esto indica que Feller Rate anticipa una posible reducción en la clasificación de riesgo de AD Retail en un lapso de dos años. Comente.

    Explicación:
    Falso. Un *creditwatch* o revisión especial señala la posible dirección futura de una clasificación, enfocándose en los acontecimientos y tendencias a corto plazo que justifican una atención particular por parte de la agencia de calificación de riesgo. Esto significa un "téngase presente" de lo que puede acontecer en el futuro y no implica un cambio de clasificación.

20. La Comisión para el Mercado Financiero (CMF) recomienda a los inversores basar sus decisiones únicamente en comentarios del mercado y no en los estados financieros oficiales de las empresas. Comente.

Explicación:
Falso. La CMF supervisa y regula el mercado financiero para asegurar su correcto funcionamiento y la protección de los inversores. Por tanto, la CMF promueve la transparencia y el uso de información veraz y oficial para la toma de decisiones en el mercado financiero. Los rumores o comentarios del mercado son una base inestable y no confiable para decisiones de inversión.

CAPÍTULO 2
Ecuación contable y estados financieros

Introducción

En el Capítulo 1 se indicó que las sociedades anónimas que emiten acciones o bonos, como SMU S.A., Embotelladora Andina S.A., CAP S.A., Enjoy S.A., Ripley Corp. S.A., Cencosud S.A. y CCU S.A., deben preparar y divulgar sus estados financieros trimestralmente. En este Capítulo 2 se profundiza en la elaboración y preparación de los estados financieros básicos (Estado de Situación Financiera, Estado de Resultados y Estado de Flujos de Efectivo). Para explicar los conceptos contables que se utilizan en los registros de transacciones y en la presentación de los estados financieros, se emplea un caso práctico basado en una librería llamada PINO, la que se especializa en la venta de cuadernos a estudiantes.

Caso práctico

Primera semana

El primer día, cuatro amigos deciden crear la librería bajo la forma de una sociedad anónima (S.A.) cerrada denominada PINO S.A., realizando aportes individuales de $3.000 en efectivo cada uno. La razón para constituirse como sociedad radica en que, de manera individual, no disponen de los recursos necesarios para emprender una librería, por lo que optan por asociarse. La propiedad de la librería se distribuye equitativamente entre ellos, representada por 48 acciones de $250 cada una. Con esto, el capital de la sociedad es $12.000. Cada amigo aporta $3.000 y recibe por esto 12 acciones de PINO. Otra razón para asociarse es para repartir los esfuerzos en la gestión del negocio. Sin embargo, esto implica que las utilidades del negocio se deben repartir entre los cuatros accionistas.

Con el fin de mejorar la gestión del negocio, uno de los amigos asume el rol de contador y otro el de administrador, gracias a su amplia experiencia previa en contabilidad y gestión empresarial, respectivamente. Los otros dos amigos, el inversor y el gestor, poseen conocimientos básicos de contabilidad y gestión de empresas, pero muestran una gran motivación por aprender más acerca de ambas disciplinas. De esta manera, los cuatro son accionistas de PINO, sin embargo, dos de ellos deben informar del avance del negocio a todos.

Un día después de su fundación, el día dos, se utilizan $10.000 del capital aportado para comprar 200 cuadernos a un costo de $50 cada uno al proveedor Aromo Ltda. En el mismo día dos, se pide un préstamo a largo plazo por $20.000 al Banco Santander, destinado a financiar la compra de propiedades, plantas y equipos (PPE). Al finalizar el día dos, se realiza una compra al contado de un local de venta por $7.000.

El contador, quien además de ser un buen amigo posee un espíritu docente para enseñar contabilidad a los demás, envía mediante correo electrónico las contabilizaciones de las transacciones de los dos primeros días de operación de PINO, presentándolas de la siguiente manera:

Día	ACTIVOS	=	PASIVOS	+	PATRIMONIO
1	Efectivo: +$12.000				Capital: +$12.000
2	Efectivo: -$10.000 Inventario: +$10.000				
2	Efectivo: +$20.000		Préstamos por pagar: +$20.000		
2	Efectivo: -$7.000 Local: +$7.000				

Además, el contador añade el siguiente mensaje en el correo electrónico: "Como se puede observar en el cuadro anterior, cada vez que PINO registra una transacción, se mantiene el equilibrio entre los activos (bienes como efectivo, inventario y local) y las fuentes de financiamiento (pasivos y patrimonio). Hasta aquí, los activos de PINO suman $32.000 y estos fueron financiados con el Banco Santander por $20.000 y con los cuatro amigos accionistas por $12.000".

En la mañana del día tres, antes que comience la reunión de accionistas fijada para las 10:00 hrs., el gestor pregunta al contador respecto del significado del mensaje incluido en el correo electrónico que este último envió el día anterior. El contador explica que PINO posee $32.000 en recursos, compuestos por $15.000 en efectivo, un inventario valorado en $10.000 y un local de venta con un costo de $7.000. Estos elementos, en términos contables, se conocen como activos. La existencia de activos en PINO responde a la finalidad del negocio, que es la venta de cuadernos. Los activos son recursos con los que se generarán los flujos o ventas del negocio. En este contexto, los cuadernos representan el activo esencial (inventario), ya que la sociedad generará ingresos por medio de la venta de ellos. Asimismo, el local (PPE) se considera un medio para llevar a cabo las transacciones de venta de cuadernos.

El contador aclara que el origen de estos $32.000 en recursos proviene de un préstamo del Banco Santander y de los aportes realizados por los amigos, lo que se traduce en pasivos de $20.000 y un patrimonio de $12.000. Esto demuestra que PINO cumple con la ecuación contable, donde Activos = Pasivos + Patrimonio. Según esta ecuación, los recursos que posee la empresa deben ser iguales a las obligaciones de aquellos que aportaron la totalidad de estos recursos. Este equilibrio se refleja en el Balance General o Estado de Situación Financiera que tiene como objetivo listar el valor de los activos que poseen las sociedades y detallar cómo se han financiado a una fecha determinada.

Una vez reunidos todos los amigos, se da inicio a la junta de accionistas, y el contador presenta el Estado de Situación Financiera de PINO correspondiente al día dos de operaciones.

Estado de Situación Financiera – PINO S.A. Al día 2			
ACTIVOS		**PASIVOS**	
Efectivo	$15.000	Préstamos por pagar	$20.000
Inventario	$10.000	**Total pasivos**	**$20.000**
Local	$7.000		
		PATRIMONIO	
		Capital	$12.000
		Total patrimonio	**$12.000**
Total activos	**$32.000**	**Total pasivos y patrimonio**	**$32.000**

En la reunión de accionistas, tras analizar un estudio de mercado donde se estima un aumento en las ventas debido al inicio de un nuevo semestre escolar, se toma la decisión de expandir las operaciones de PINO. Como resultado, el día cuatro, se compra al contado una bodega por un monto de $11.000. Adicionalmente, se adquieren 100 cuadernos del proveedor Aromo Ltda. a un costo de $50 cada uno. La forma de pago es a crédito, ya que la librería no cuenta con el suficiente efectivo para cubrir la compra del nuevo inventario. El proveedor otorga una línea de crédito de $25.000 sin intereses. Después de estas transacciones, el contador presenta a sus tres amigos las contabilizaciones realizadas durante el día cuatro, junto con el Estado de Situación Financiera a ese día.

Día	ACTIVOS	=	PASIVOS	+	PATRIMONIO
4	Efectivo: -$11.000 Bodega: +$11.000				
4	Inventario: +$5.000		Cuentas por pagar: +$5.000		

Estado de Situación Financiera – PINO S.A. Al día 4			
ACTIVOS		**PASIVOS**	
Efectivo	$4.000	Préstamos por pagar	$20.000
Inventario	$15.000	Cuentas por pagar	$5.000
Local	$7.000	**Total pasivos**	**$25.000**
Bodega	$11.000		
		PATRIMONIO	
		Capital	$12.000
		Total patrimonio	**$12.000**
Total activos	**$37.000**	**Total pasivos y patrimonio**	**$37.000**

Tras revisar el Estado de Situación Financiera, los amigos concluyen que PINO posee activos por $37.000 y obligaciones por el mismo monto. Estas obligaciones se desglosan en $5.000 con el proveedor Aromo Ltda., $20.000 con el Banco Santander y $12.000 con los dueños. En cuanto a los activos, uno de los amigos señala que PINO cuenta con $4.000 en efectivo, cuadernos con un costo de $15.000 y PPE con un costo total de $18.000 (local por $7.000 y bodega por $11.000).

El gestor, confundido, señala que en el estado financiero anterior no se detallan las utilidades de PINO. El contador explica que PINO, al igual que cualquier otra empresa, debe contabilizar ingresos y gastos durante su período de operación, cuya diferencia se llama utilidad o pérdida del ejercicio (resultado del ejercicio). Estos elementos se presentan en el Estado de Resultados, un estado financiero que proporciona información acerca del desempeño financiero de la sociedad. La elaboración del Estado de Resultados tiene por finalidad evaluar cuán bien o mal le ha ido a PINO, pues refleja si la sociedad ha obtenido utilidades. Sin embargo, al finalizar el día cuatro, PINO no ha generado utilidades ni pérdidas, motivo por el que no se ha elaborado este estado financiero.

El día cinco, se decide contratar a un vendedor por un sueldo semanal de $700, que comenzará a trabajar a partir de la segunda semana de operación. El contador explica a los demás amigos que, en ese día, no se registra ninguna transacción en la contabilidad de PINO, ya que el vendedor aún no ha prestado el servicio para el que ha sido contratado. El contador aclara que la contabilidad se basa en el principio contable del Devengado, por lo que, el efecto de una transacción respecto de los recursos económicos y las obligaciones de una sociedad surge en el momento en que se tiene el derecho a cobrar o la obligación a pagar. Por tanto, la obligación nace a partir de la segunda semana, cuando el vendedor va a realizar sus labores de venta en el local de PINO.

El mismo día cinco, después de que el vendedor firmara el contrato, el inversor pregunta qué representan los sueldos cuando se registren en la contabilidad de PINO. El contador aclara que estos se registran como un gasto, debido a que reflejan un servicio que ha sido consumido o utilizado por la sociedad. Posteriormente, surge una duda por parte del gestor: si PINO aún no ha vendido cuadernos, ¿cuántos cuadernos necesita vender para cubrir los sueldos de la segunda semana de funcionamiento? Interviniendo en la conversación, el administrador señala que un error común es pensar que la sociedad debe vender cuadernos por un valor de $700 para cubrir los gastos de sueldos del trabajador. Este valor de venta se contabiliza como una cuenta de ingreso conocida como "ingreso por venta". Sin embargo, cada venta tiene un gasto asociado llamado "costo de venta", que se relaciona directamente con el costo de adquisición del inventario que se vende. Si cada cuaderno tiene un valor de compra o costo de $50 y el precio de venta es de $120 por cuaderno, entonces la ganancia por unidad vendida es de $70. Debido a que los sueldos semanales son de $700, entonces la cantidad de cuadernos a vender es de 10 unidades ($700 / $70). Como cada cuaderno tiene un valor de venta de $120, las ventas de cuadernos deben ser por un total de $1.200 ($120 x 10 u.). Así, una vez que se realice la venta, las cuentas "ingreso por venta" y "costo de venta" deberán ser de $1.200 y $500 ($50 x 10 u.), respectivamente. La diferencia entre estas cuentas se llama ganancia bruta (Ingreso por Venta – Costo de Venta = $1.200 – $500 = $700), que representa el monto total que la empresa cobra por sobre del costo de adquisición del inventario vendido ($70 x 10 u. = $700). Bajo este contexto, aunque se generan ventas de $1.200 y un costo del inventario vendido de $500, los gastos de sueldos del vendedor, que ascienden a $700, se absorben con la ganancia bruta. Esto genera un resultado del ejercicio de $0. Por consiguiente, se concluye que una venta no necesariamente equivale a una utilidad.

Para concluir la explicación, el administrador enfatiza que esta última transacción es lo que se espera que suceda, pero aún no se puede reconocer, debido a que no ha ocurrido. En otras palabras, no se ha devengado.

Segunda semana

A pesar de los pronósticos, hasta el final de la segunda semana de operación, PINO ha logrado vender solamente 8 cuadernos a diferentes clientes a $120 cada uno, a quienes únicamente se les ofreció la opción de pago al contado. Por tanto, los movimientos en la ecuación contable registrados por el contador el día catorce son los siguientes:

					PATRIMONIO		
Día	**ACTIVOS**	=	**PASIVOS**	+	**CAPITAL**	+	**UTILIDAD**
14	Efectivo: +$960 Inventario: -$400						Ingreso por venta: +$960 Costo de venta: -$400

Después de presentar la contabilización anterior, el contador explica que al reconocer una venta de inventario, se contabiliza, en primer lugar, un incremento en las utilidades mediante la cuenta "ingreso por venta" por $960 ($120 x 8 u.), con la contraparte de un aumento en el activo "efectivo" por el mismo monto al ser la forma de pago al contado. En segundo lugar, una vez vendido los cuadernos se contabiliza una disminución en el activo "inventario" por $400 ($50 x 8 u.) y el aumento de la cuenta de gasto "costo de venta" por el mismo monto. Por consiguiente, tras el registro de esta transacción, el Estado de Resultados para las dos primeras semanas de funcionamiento de PINO, preparado por el contador, se presenta de la siguiente manera:

Estado de Resultados – PINO S.A. Desde el día 1 hasta el día 14	
Ingreso por venta	$960
Costo de venta	($400)
Ganancia bruta	**$560**
Gasto de sueldos	($700)
Resultado operacional (EBIT)	**($140)**

Luego, el inversor pregunta al contador: ¿por qué la empresa tiene una pérdida de $140 en las dos primeras semanas de operación? El contador explica que a la ganancia bruta del periodo se deben rebajar los gastos de administración y ventas (GAV) reconocidos en el periodo (p. ej.: sueldos, publicidad, servicios básicos, arriendos, seguros y depreciación), siendo la diferencia conocida como resultado operacional o resultado antes de intereses e impuestos (UAII) o *earnings before interests and taxes* (EBIT por sus siglas en inglés). Sin los gastos de administración y ventas (sueldo del vendedor), la empresa no puede llevar a cabo sus operaciones y vender los cuadernos, por tanto, estos gastos son necesarios para el desarrollo del giro de PINO.

El contador añade que este resultado es crucial para evaluar la gestión de la sociedad, ya que proporciona información referente a la rentabilidad de su actividad principal o giro. Luego, él argumenta: "no te preocupes por la falta de utilidad en este momento, ya que es normal que las empresas presenten un resultado operacional negativo al inicio de sus operaciones. Aunque, es motivo de preocupación si este resultado se mantiene permanentemente negativo en el tiempo".

Tras la explicación anterior, el inversor plantea la siguiente pregunta al contador: ¿por qué el sueldo del trabajador de la segunda semana se presenta en el Estado de Resultados disminuyendo la utilidad si este se pagará el primer día de la tercera semana? El contador aclara que se deben reconocer los sueldos al final de la segunda semana, porque el vendedor prestó sus servicios a PINO en dicha semana. Además, el inversor pregunta: ¿qué significa reconocer los sueldos?

El contador, con el propósito de aclarar ambas dudas, indica que el Estado de Resultados elaborado para las dos primeras semanas de operación de PINO es correcto. Como se mencionó anteriormente, la contabilidad se rige por el principio del Devengado, que implica reconocer un ingreso o gasto independientemente de si ha sido cobrado o pagado, respectivamente. El reconocimiento de un gasto se realiza en el momento en que surge la obligación de pagar y no en la fecha del pago. En la segunda semana de operación de PINO, el vendedor prestó un servicio a la sociedad, lo que posibilitó la venta de cuadernos a los clientes. Por tanto, la empresa utilizó el servicio en esa semana, y este debe ser reconocido o contabilizado en ese periodo independientemente de que el pago se realice al inicio de la tercera semana. En otras palabras, el día catorce PINO contabiliza un gasto por $700, que refleja el servicio que utilizó, y un aumento en un pasivo por $700 para reconocer la deuda u obligación que tiene con el vendedor. Por tanto, la transacción en la ecuación contable queda como sigue:

					PATRIMONIO		
Día	**ACTIVOS**	=	**PASIVOS**	+	**CAPITAL**	+	**UTILIDAD**
14			Sueldos por pagar: +$700				Gasto de sueldos: -$700

Continuando con la explicación, el contador añade que, en el caso de que los sueldos se hubieran reconocido y pagado en la segunda semana de operación, el gasto se registraría disminuyendo las utilidades y reduciendo el activo "efectivo". Con esto debe quedar claro que un gasto se reconoce o devenga cuando se genera la obligación independientemente del momento en que se realiza el pago. Primero se reconoce y, luego, se ve si se paga o no.

Tercera semana

El día quince, el administrador procede a pagar los sueldos correspondientes a la segunda semana y se prepara para la esperada venta masiva de cuadernos debido al inicio de clases. Con este objetivo, compra 180 cuadernos a Aromo Ltda. a un costo unitario de $50. Realiza un pago de $1.800 al contado y acuerda pagar los $7.200 restantes a crédito en las próximas semanas. A continuación, él actualiza el informe de inventario de PINO, mostrando que cuenta con 472 unidades disponibles para la venta. Además, decide contratar a otro vendedor con un sueldo semanal de $700, quien empezará a trabajar de inmediato y recibirá su pago el primer día de la siguiente semana.

Estas transacciones son registradas por el contador, quien las presenta a sus amigos de la siguiente manera:

					PATRIMONIO		
Día	ACTIVOS	=	PASIVOS	+	CAPITAL	+	UTILIDAD
15	Efectivo: -$700		Sueldos por pagar: -$700				
15	Efectivo: -$1.800 Inventario: +$9.000		Cuentas por pagar: +$7.200				

El gestor, al observar estas contabilizaciones, cuestiona por qué no se registraron los sueldos de la tercera semana. El contador explica que la obligación correspondiente aún no ha surgido, enfatizando que la transacción del día quince salda la deuda de los sueldos de la segunda semana. Esta transacción no implica el reconocimiento de un gasto, ya que fue contabilizado previamente en la segunda semana. En otras palabras, se está realizando el pago de un gasto que ya había sido reconocido o devengado anteriormente.

El día diecisiete, ante la preocupación de los accionistas por la falta de nuevas ventas de cuadernos, el administrador propone una estrategia de venta para atraer nuevos clientes: permitirles pagar el 50 % al momento de la venta y el resto hasta quince días después. Esta propuesta de dar crédito a los clientes es aprobada por los demás. La decisión tiene un efecto inmediato y al día siguiente (día dieciocho) se venden 200 cuadernos a $120 cada uno, por un total de $24.000 y un costo del inventario vendido de $10.000 (200 u. x $50), siguiendo las condiciones propuestas.

El inversor, inquieto, pregunta si la ganancia de esta venta debe ser contabilizada ahora o esperar a que se complete el pago en quince días. El contador aclara que el principio del Devengado también se aplica a los ingresos, que se deben reconocer cuando se adquiere el derecho a cobrar, en este caso, cuando los clientes reciben los cuadernos. Así, el día dieciocho, el contador registra la venta de cuadernos como sigue:

					PATRIMONIO		
Día	ACTIVOS	=	PASIVOS	+	CAPITAL	+	UTILIDAD
18	Efectivo: +$12.000 Cuentas por cobrar: +$12.000 Inventario: -$10.000						Ingreso por venta: +$24.000 Costo de venta: -$10.000

El inversor, analizando esta última transacción, señala que el monto de la venta pendiente de cobro se refleja en el activo "cuentas por cobrar", equilibrándose con el reconocimiento del "ingreso por venta", lo que incrementa la utilidad de PINO. Destaca la importancia de reconocer el ingreso en el momento en que se entregan los cuadernos al cliente, independientemente de cuando se reciba el pago. El contador resalta: ¡Eso es el devengo contable! Se devenga o se reconoce la venta independientemente de si se ha cobrado.

El día veintiuno, se recibe la boleta de los servicios básicos (SSBB) como luz, agua y teléfono, por un valor de $300, la que se pagará junto con los sueldos de ambos vendedores en la tercera semana ($700 x 2 vendedores x 1 semana = $1.400). Además, se realiza el pago de $500 por la publicidad que apareció en redes sociales durante la misma semana. El inversor sugiere las siguientes contabilizaciones para aplicar lo aprendido:

					PATRIMONIO		
Día	**ACTIVOS**	=	**PASIVOS**	+	**CAPITAL**	+	**UTILIDAD**
21			SSBB por pagar: +$300				Gasto de SSBB: -$300
21	Efectivo: -$500						Gasto de publicidad: -$500
21			Sueldos por pagar: +$1.400				Gasto de sueldos: -$1.400

El contador revisa las contabilizaciones realizadas por el inversor y confirma que aplicó correctamente el principio del Devengado. Destaca que los sueldos y servicios básicos se reconocen como gastos debido a que se ha originado una obligación durante la tercera semana. Esta obligación se extinguirá en el futuro, cuando se realice el pago de estos servicios. Asimismo, la publicidad utilizada en la misma semana se contabiliza también como un gasto. Sin embargo, en este caso, la obligación se paga dentro de la misma semana, resultando en una disminución en el activo "efectivo".

Cuarta semana

En la mañana del día veintidós, el contador prepara los estados financieros de PINO al cierre de la tercera semana. Estos estados son presentados a los accionistas como sigue:

Estado de Resultados – PINO S.A. Desde el día 1 hasta el día 21	
Ingreso por venta	$24.960
Costo de venta	($10.400)
Ganancia bruta	**$14.560**
Gasto de sueldos	($2.100)
Gasto de servicios básicos	($300)
Gasto de publicidad	($500)
Gasto de depreciación	($30)
Resultado operacional (EBIT)	**$11.630**
Gasto financiero	($600)
Utilidad del ejercicio	**$11.030**

Estado de Situación Financiera – PINO S.A. Al día 21			
ACTIVOS		**PASIVOS**	
Efectivo	$13.960	Préstamos por pagar	$20.000
Inventario	$13.600	Intereses por pagar	$600
Cuentas por cobrar	$12.000	Cuentas por pagar	$12.200
Local	$7.000	Sueldos por pagar	$1.400
Bodega	$11.000	Servicios básicos por pagar	$300
Depreciación acumulada	($30)	**Total pasivos**	**$34.500**
		PATRIMONIO	
		Capital	$12.000
		Resultados acumulados	$11.030
		Total patrimonio	**$23.030**
Total activos	**$57.530**	**Total pasivos y patrimonio**	**$57.530**

Después de examinar los estados financieros, el gestor pregunta por qué se muestran las cuentas "gasto de depreciación" y "gasto financiero" en el Estado de Resultados. Además, el inversor pregunta: ¿qué son los "resultados acumulados"? Ante estas inquietudes, el contador responde:

- Las otras contabilizaciones realizadas en el día veintiuno son:

					PATRIMONIO		
Día	**ACTIVOS**	=	**PASIVOS**	+	**CAPITAL**	+	**UTILIDAD**
21	-Depreciación acumulada: +$30						Gasto de depreciación: -$30
21			Intereses por pagar: +$600				Gasto financiero: -$600

El local y la bodega fueron utilizados durante las tres primeras semanas de operación de PINO. Se debe reconocer el desgaste que experimentan estos activos (PPE) por su uso o paso del tiempo. Debido a que el valor de las PPE es de $18.000, formado por el local y la bodega, se estima que ese desgaste es de $10 por semana. Para este cálculo, se considera el costo del bien menos el valor residual del bien dividido por la vida útil de dicho activo. Por tanto, se reconoce la pérdida de valor por el uso en ese periodo, conocida como depreciación, por un monto de $10 por semana. Esta se reconoce como un "gasto de depreciación" y figura como parte de los gastos de administración y ventas, disminuyendo así el resultado operacional y, por esta razón, reduciendo el resultado del ejercicio. Su contraparte es la disminución del activo PPE mediante la cuenta "depreciación acumulada", la que se presenta como un activo negativo en el Estado de Situación Financiera. Los activos disminuyen ante aumentos de la cuenta "depreciación acumulada". Tenga en consideración que esta cuenta tiene un signo negativo, por tanto, si sube en $30 y la cuenta es negativa, entonces los activos bajan de valor en $30. Esto es equivalente a un gasto por $30 que hace disminuir la utilidad.

- En el mercado financiero existe la tasa de colocación, que es la tasa de interés que se exige a todo aquel que requiera financiamiento. Al inicio de las operaciones, se pidió un préstamo de $20.000 al Banco Santander. Por tanto, se deben reconocer los intereses que conlleva dicho préstamo independientemente de que no se paguen aún (lo que ocurrirá al final de la octava semana), ya que el banco exige una tasa de interés simple del 1 % semanal. El interés total a reconocer en la tercera semana desde que se inicia el préstamo es de $600 (1 % x 3 semanas x $20.000). A causa de que se devengan los intereses pero no se pagan, se registra un aumento del gasto que recibe el nombre de "gasto financiero" y un aumento en el pasivo "intereses por pagar". Es importante destacar que la cuenta "gasto financiero" no es parte del resultado operacional; sino que se incluye en el Estado de Resultados después del resultado operacional, ya que está asociado a actividades financieras y no del giro del negocio.
- La utilidad del ejercicio en el Estado de Resultados es de $11.030, la que se transfiere al Estado de Situación Financiera mediante los "resultados acumulados" en el patrimonio. Por tanto, el patrimonio de una sociedad se compone de la siguiente manera:

  $$\text{Patrimonio}_t = \text{Capital}_t + \text{Resultados Acumulados}_t$$

  Por su parte, el saldo de "resultados acumulados" (RA) se calcula por medio de la siguiente ecuación:

  $$RA_t = RA_{t-1} + \text{Utilidad del Ejercicio}_t - \text{Dividendos Declarados}_t$$

  Un saldo positivo en la cuenta de patrimonio "resultados acumulados" muestra las utilidades generadas y que se han decidido mantener o reinvertir en activos. En el caso de PINO, el saldo de esta cuenta es de $11.030, que coincide con la utilidad del ejercicio, ya que no se han repartido dividendos y es el primer año de operación de la empresa, por esta razón, esta no tiene un saldo del año anterior. Así, los "resultados acumulados" de PINO al final de la tercera semana, día veintiuno, se calculan como sigue:

  $$RA_{\text{Tercera semana}} = \$0 + \$11.030 - \$0$$

  $$RA_{\text{Tercera semana}} = \$11.030$$

En la mañana del día veintidós, por recomendación del administrador, se invierte $10.000, considerados excedentes de efectivo, en un depósito a plazo (DAP) del Banco de Crédito e Inversiones (BCI). Este depósito vencerá en tres semanas más y generará una tasa de interés del 0,8 % semanal, esto es el 2,4 % durante el plazo de la inversión. El contador señala que esta tasa de interés es la de captación y presenta la contabilización de la forma que sigue:

					PATRIMONIO		
Día	ACTIVOS	=	PASIVOS	+	CAPITAL	+	UTILIDAD
22	DAP: +$10.000 Efectivo: -$10.000						

El gestor plantea la duda de por qué un depósito a plazo es un activo. Ante esta pregunta, el contador explica que una inversión financiera, como un DAP, se clasifica como un activo, debido a que genera intereses durante el tiempo en que se mantiene invertido el dinero. Por tanto, cumple con la definición de ser un recurso que generará beneficios futuros.

En el mismo día veintidós, el contador recuerda al administrador la necesidad de pagar los sueldos pendientes a los vendedores. Además, él destaca la importancia de saldar la deuda de servicios básicos, ya que el gasto correspondiente se devengó en la tercera semana y es momento de cumplir con el pago. Las contabilizaciones de estas transacciones, realizadas por el contador, quedan reflejadas tal como se detallan a continuación:

					PATRIMONIO		
Día	ACTIVOS	=	PASIVOS	+	CAPITAL	+	UTILIDAD
22	Efectivo: -$300		SSBB por pagar: -$300				
22	Efectivo: -$1.400		Sueldos por pagar: -$1.400				

Al concluir la cuarta semana, día veintiocho, el administrador adelanta trabajo y presenta al contador las contabilizaciones faltantes que se deben registrar en PINO durante esta última semana. Estas se las presenta mediante el siguiente cuadro:

					PATRIMONIO		
Día	ACTIVOS	=	PASIVOS	+	CAPITAL	+	UTILIDAD
28			Sueldos por pagar: +$1.400				Gasto de sueldos: -$1.400
28	DAP: +$80						Ingreso financiero: +$80
28			SSBB por pagar: +$300				Gasto de SSBB: -$300

El contador elogia al administrador por el correcto registro de los sueldos y servicios básicos, reconociendo adecuadamente los gastos que se pagarán en el futuro. Además, el contador lo felicita por contabilizar adecuadamente los intereses ganados del depósito a plazo. En vista de que ha transcurrido solo una semana desde que se tomó el depósito a plazo, solo se deben reconocer los intereses ganados durante esa semana

($10.000 x 0,8 % x 1 semana = $80). Recurrentemente, este registro contable se realiza por el monto que se ganará por las tres semanas de la inversión ($10.000 x 2,4 % = $240), lo cual es incorrecto, ya que aún no se ha generado el derecho a cobrar intereses por la segunda y tercera semana de la inversión. Adicionalmente, el devengo de los intereses ganados debe incrementar el activo "DAP" y no el activo "efectivo" como usualmente lo registran, ya que estos se cobran al vencimiento.

El contador solicita al inversor y al gestor que registren los movimientos faltantes al finalizar el día veintiocho para asegurarse que han comprendido la lógica contable. Tras una breve discusión, identifican que falta reconocer la depreciación semanal por un total de $10 y los intereses del préstamo bancario de la cuarta semana por $200 (1 % x 1 semana x $20.000), cuyos ajustes en la ecuación contable son registrados como sigue:

							PATRIMONIO	
Día	**ACTIVOS**	=	**PASIVOS**	+	**CAPITAL**	+	**UTILIDAD**
28	-Depreciación acumulada: +$10						Gasto de depreciación: -$10
28			Intereses por pagar: +$200				Gasto financiero: -$200

El contador no realiza observaciones y les felicita, mencionando que son unos excelentes estudiantes. El inversor, motivado por las palabras del contador, prepara el Estado de Situación Financiera al final del día veintiocho y el Estado de Resultados para las primeras cuatro semanas de operación. Note que para presentar el Estado de Resultados se habla de un período de cuatro semanas, mientras que para el Estado de Situación Financiera se dice al final del día veintiocho. Se presentan ambos estados financieros a sus amigos:

Estado de Situación Financiera – PINO S.A. Al día 28			
ACTIVOS		**PASIVOS**	
Efectivo	$2.260	Préstamos por pagar	$20.000
Depósitos a plazo	$10.080	Intereses por pagar	$800
Inventario	$13.600	Cuentas por pagar	$12.200
Cuentas por cobrar	$12.000	Sueldos por pagar	$1.400
Local	$7.000	Servicios básicos por pagar	$300
Bodega	$11.000	**Total pasivos**	**$34.700**
Depreciación acumulada	($40)		
		PATRIMONIO	
		Capital	$12.000
		Resultados acumulados	$9.200
		Total patrimonio	**$21.200**
Total activos	**$55.900**	**Total pasivos y patrimonio**	**$55.900**

Estado de Resultados – PINO S.A. Desde el día 1 hasta el día 28	
Ingreso por venta	$24.960
Costo de venta	($10.400)
Ganancia bruta	**$14.560**
Gasto de sueldos	($3.500)
Gasto de servicios básicos	($600)
Gasto de publicidad	($500)
Gasto de depreciación	($40)
Resultado operacional (EBIT)	**$9.920**
Gasto financiero	($800)
Ingreso financiero	$80
Utilidad del ejercicio	**$9.200**

El contador aprueba los estados financieros preparados y presentados por el inversor.

Quinta semana

En el transcurso del día veintinueve, el administrador procede al pago de los sueldos y de los servicios básicos adeudados. Una vez realizados estos pagos, el contador los registra en la ecuación contable como sigue:

					PATRIMONIO		
Día	**ACTIVOS**	=	**PASIVOS**	+	**CAPITAL**	+	**UTILIDAD**
29	Efectivo: -$300		SSBB por pagar: -$300				
29	Efectivo: -$1.400		Sueldos por pagar: -$1.400				

En ese mismo día veintinueve, la administración de PINO decide modificar el contrato con sus dos trabajadores. Bajo el nuevo acuerdo, el 25 % de los sueldos se pagará por adelantado el primer día de cada semana, y el resto al finalizar la semana. Esta modificación lleva al gestor a preguntarse cómo se contabiliza esta transacción. El contador explica que, el día veintinueve, se registra un aumento en el activo "sueldos pagados por anticipado" (SPPA) por $350 (25 % x $1.400). Este aumento en la cuenta "SPPA" va acompañado de una disminución en el activo "efectivo" por el mismo monto.

Frente a esta explicación, el gestor expresa su confusión, argumentando que, según su entendimiento, los sueldos son un gasto que se reconoce cuando el empleado presta efectivamente el servicio sin importar el momento del desembolso. Por tanto, considera innecesario realizar un registro contable el día veintinueve.

El contador responde a esta inquietud explicando que el registro de un activo es necesario debido a que el pago anticipado de los sueldos concede a la empresa el derecho a recibir servicios de sus empleados en el futuro. En otras palabras, se considera un "gasto pagado por adelantado". Esto implica que todo gasto que, aún no se devengue y se pague por adelantado, se debe reconocer como un activo en la empresa. Según el principio del Devengado, un gasto no se reconoce hasta que el servicio correspondiente sea efectivamente recibido o utilizado por la sociedad, lo que ocurrirá al final de la semana. Por tanto, la transacción realizada el día veintinueve se ve reflejada en la ecuación contable como se muestra a continuación:

					PATRIMONIO		
Día	**ACTIVOS**	=	**PASIVOS**	+	**CAPITAL**	+	**UTILIDAD**
29	Efectivo: -$350 SPPA: +$350						

El día treinta, PINO ha decidido aumentar el precio de venta de sus cuadernos desde $120 a $150 cada uno, debido al inicio del período escolar. Los clientes realizan reservas de cuadernos en anticipación a la temporada de compras de útiles escolares por el inicio del año escolar. PINO recibe $22.500 de estos clientes, correspondiente a la reserva de 150 cuadernos a un precio de venta de $150 cada uno. Frente a este hecho económico, el contador consulta con los demás accionistas acerca de la forma adecuada de registrar esta transacción. El inversor sugiere con confianza registrar únicamente un aumento en el activo "efectivo" y en la cuenta de resultados "ingreso por venta". Sin embargo, el gestor discrepa, argumentando que también debería registrarse un aumento en el gasto conocido como "costo de venta" y una disminución en el activo "inventario".

En respuesta, el contador explica a los accionistas que los anticipos de clientes deben registrarse en el pasivo "ingresos recibidos por anticipado" (IRPA). Aunque PINO ha recibido el dinero, todavía no ha entregado los cuadernos. Por tanto, la empresa tiene la obligación de entregar estos cuadernos en el futuro por un valor total de $22.500, lo que se considera un pasivo y no un ingreso, ya que los cuadernos no se han entregado físicamente.

El contador enfatiza que la transacción de venta se reconocerá contablemente en el momento en que los clientes reciban los cuadernos. Por consiguiente, la contabilización de esta operación se presenta de la siguiente forma:

					PATRIMONIO		
Día	**ACTIVOS**	=	**PASIVOS**	+	**CAPITAL**	+	**UTILIDAD**
30	Efectivo: +$22.500		IRPA: +$22.500				

Llegado el día treinta y dos, el inversor informa que se ha cobrado el total del activo "cuentas por cobrar" (CxC) y se ha utilizado $6.000 del dinero recaudado para pagar parte de la deuda pendiente con los proveedores de inventario. Ante esta nueva información, el contador rápidamente registra ambas transacciones en la contabilidad de PINO. Los movimientos contables resultantes se detallan en la ecuación contable de la siguiente manera:

					PATRIMONIO		
Día	ACTIVOS	=	PASIVOS	+	CAPITAL	+	UTILIDAD
32	Efectivo: +$12.000 CxC: -$12.000						
32	Efectivo: -$6.000		Cuentas por pagar: -$6.000				

Al concluir el día treinta y dos, el administrador analiza las proyecciones de ventas y concluye que la demanda de cuadernos superará lo inicialmente esperado. Esta situación surge debido al cierre de varias tiendas competidoras por problemas financieros. Como respuesta, recomienda a sus amigos adquirir un nuevo local al contado y financiar la compra de inventario utilizando la línea de crédito que queda disponible de Aromo Ltda. (Total – Usos + Pagos = $25.000 - $12.200 + $6.000 = $18.800). Aunque el equipo aprueba la propuesta, opta por arrendar el nuevo local para no aumentar las deudas de la compañía y preservar la liquidez. El administrador asegura a los accionistas que con esta inversión podrán vender 400 unidades, recaudando el 80 % al contado y aumentando el precio de venta a $250. Se propone así una nueva política de ventas, la que es aprobada por los accionistas.

En el día treinta y tres, se compran 240 cuadernos a crédito, con un plazo de 20 días, a un costo de $50 cada uno. El administrador logra un acuerdo favorable por el arriendo del nuevo local con las bodegas de Buenaventura en la comuna de Quilicura. El contrato estipula un arriendo semanal de $1.500, con un descuento del 20 % si se paga por adelantado. El administrador decide pagar cuatro semanas de arriendo por adelantado, equivalentes a $4.800, comenzando el contrato a partir de la sexta semana. Además, se decide reubicar a un vendedor en este nuevo local. Ante estas transacciones, el gestor, con ciertas dudas respecto del arriendo, solicita al contador que registre los movimientos en la contabilidad de PINO. El contador presenta las contabilizaciones correspondientes tal como se detallan a continuación:

					PATRIMONIO		
Día	ACTIVOS	=	PASIVOS	+	CAPITAL	+	UTILIDAD
33	Inventario: +$12.000		Cuentas por pagar: +$12.000				
33	Efectivo: -$4.800 APPA: +$4.800						

El gestor consulta al contador por qué los arriendos se registran en el activo "arriendos pagado por adelantado" (APPA) y no directamente como un "gasto de arriendo". El contador explica que, de manera similar a los sueldos pagados por adelantado, el pago anticipado de un arriendo genera un derecho para PINO, que es el uso de un local de venta por un periodo de cuatro semanas a partir de la sexta semana. Conforme se utilice el espacio (local) se procederá a reconocer el gasto correspondiente y disminuirá el valor de este derecho prepagado, acorde con el principio del Devengado. Adicionalmente, él indica que un local arrendado no genera depreciación, debido a que el bien no le pertenece a PINO.

Al finalizar el día treinta y cinco de las operaciones de PINO, el contador lleva a cabo las contabilizaciones necesarias para preparar los estados financieros de la sociedad. Los registros contables que quedan por presentar, junto con el Estado de Situación Financiera correspondiente al día treinta y cinco y el Estado de Resultados del período, se distribuyen por correo electrónico y se presentan de la manera siguiente:

					PATRIMONIO		
Día	**ACTIVOS**	=	**PASIVOS**	+	**CAPITAL**	+	**UTILIDAD**
35	-Depreciación acumulada: +$10						Gasto de depreciación: -$10
35			Intereses por pagar: +$200				Gasto financiero: -$200
35	DAP: +$80						Ingreso financiero: +$80
35			SSBB por pagar: +$300				Gasto de SSBB: -$300
35	Efectivo: -$1.050 SPPA: -$350						Gasto de sueldos: -$1.400

Estado de Situación Financiera – PINO S.A.
Al día 35

ACTIVOS		**PASIVOS**	
Efectivo	$22.860	Préstamos por pagar	$20.000
Depósitos a plazo	$10.160	Intereses por pagar	$1.000
Inventario	$25.600	Cuentas por pagar	$18.200
Arriendos pagados por anticipado	$4.800	Servicios básicos por pagar	$300
Local	$7.000	Ingresos recibidos por anticipado	$22.500
Bodega	$11.000	**Total pasivos**	**$62.000**
Depreciación acumulada	($50)		
		PATRIMONIO	
		Capital	$12.000
		Resultados acumulados	$7.370
		Total patrimonio	**$19.370**
Total activos	**$81.370**	**Total pasivos y patrimonio**	**$81.370**

Estado de Resultados – PINO S.A. **Desde el día 1 hasta el día 35**	
Ingreso por venta	$24.960
Costo de venta	($10.400)
Ganancia bruta	**$14.560**
Gasto de sueldos	($4.900)
Gasto de servicios básicos	($900)
Gasto de publicidad	($500)
Gasto de depreciación	($50)
Resultado operacional (EBIT)	**$8.210**
Gasto financiero	($1.000)
Ingreso financiero	$160
Utilidad del ejercicio	**$7.370**

En el correo electrónico, el contador incluyó varias notas. Primero, destaca que, al finalizar la quinta semana, los vendedores prestaron un servicio a PINO, por tanto, se debe reconocer un gasto por el valor de los servicios utilizados que asciende a $1.400. Con base en las nuevas condiciones estipuladas en el contrato de trabajo, los sueldos se pagan al final de cada semana, resultando en una disminución en el activo "efectivo", pero el día veintinueve se anticiparon sueldos por el 25 % de su valor, es decir, los sueldos pagados por anticipado fueron de $350 y, por esta razón, el saldo faltante por pagar a los empleados es solo de $1.050. Debido a que PINO recibió el servicio, el derecho contabilizado en el activo "SPPA" debe disminuir, quedando con un saldo de $0 al cierre del día treinta y cinco. Segundo, se reconoce para la quinta semana la depreciación por $10, los intereses devengados del préstamo por $200 (1 % x 1 semana x $20.000), los intereses ganados del depósito a plazo por $80 (0,8 % x 1 semana x $10.000) y los servicios básicos por $300 que se pagarán el día treinta y seis. Finalmente, no se ha reconocido un "gasto de arriendo" ni una disminución en el activo "APPA". Esto se debe a que este servicio se utilizará a partir de la sexta semana, y, de acuerdo con el principio del Devengado, los gastos se deben reconocer cuando se haya recibido el servicio correspondiente. Por tanto, el "gasto de arriendo" se reconocerá cuando el espacio arrendado se utilice efectivamente.

Sexta semana

En el día treinta y seis, el contador realiza el pago correspondiente al anticipo de sueldos a los dos vendedores, así como realiza el pago de los servicios básicos devengados durante la quinta semana. Las contabilizaciones de estas transacciones son las siguientes:

					PATRIMONIO		
Día	**ACTIVOS**	=	**PASIVOS**	+	**CAPITAL**	+	**UTILIDAD**
36	Efectivo: -$350 SPPA: +$350						
36	Efectivo: -$300		SSBB por pagar: -$300				

El día treinta y ocho, en la reunión de accionistas convocada para ese día, los amigos quedan gratamente sorprendidos con la proyección de ventas que fue presentada por el administrador el pasado día treinta y dos, ya que solo han transcurrido cinco días desde que arrendaron el local en Buenaventura y se han vendido 320 unidades a $250 cada una ("ingreso por venta" = $80.000), siendo el costo del inventario vendido por $16.000 ($50 x 320 u.). De acuerdo con la nueva política de ventas que se aprobó el día treinta y dos, 80 % al contado y el resto a crédito, se reciben en "efectivo" $64.000 (80 % x $80.000) y aumenta el activo "cuentas por cobrar" por $16.000 (20 % x $80.000). No obstante, el gestor señala que el informe de ventas indica la venta de 400 cuadernos. El contador explica que la discrepancia corresponde a los 80 cuadernos entregados a clientes que habían realizado reservas previas y pagado por anticipado. Estas unidades vendidas se deben contabilizar como un "ingreso por venta" por $12.000 (80 u. x $150) y una disminución en el pasivo "IRPA" por el mismo monto, porque la empresa entregó los cuadernos a los clientes que habían pagado por anticipado. Además, por estas 80 unidades se debe reconocer un "costo de venta" por $4.000 ($50 x 80 u.) y una disminución en el activo "inventario" por el mismo monto. El contador presenta al resto de accionistas el registro contable que se debe realizar el día treinta y ocho para aclarar este último punto:

					PATRIMONIO		
Día	ACTIVOS	=	PASIVOS	+	CAPITAL	+	UTILIDAD
38	Efectivo: +$64.000 CxC: +$16.000 Inventario: -$20.000		IRPA: -$12.000				Ingreso por venta: +$92.000 Costo de venta: -$20.000

Lamentablemente, en el día cuarenta, uno de los vendedores al llevar a cabo un inventario físico de los cuadernos descubre que, producto de una filtración en el local, se mojan 50 unidades que tiene un costo de $50 cada uno. Al recibir esta información, el contador procede a dar de baja el inventario faltante en la contabilidad de PINO, registrando lo siguiente:

					PATRIMONIO		
Día	ACTIVOS	=	PASIVOS	+	CAPITAL	+	UTILIDAD
40	Inventario: -$2.500						Pérdida de inventario: -$2.500

El contador explica que, debido a que no existen seguros comprometidos, se debe registrar una disminución en el activo "inventario" por $2.500 (50 u. x $50) y reconocer una pérdida por el mismo monto, lo que impacta negativamente el resultado del ejercicio. Se reconoce una pérdida porque es algo fortuito, en cambio, los gastos son recurrentes en el tiempo, como son los sueldos, los arriendos, los servicios básicos, etc. Tras esta explicación, el administrador sugiere a los demás amigos considerar la contratación de seguros que cubran futuras eventualidades como incendio, sismos o inundación, ya que esto habría evitado el impacto negativo en las utilidades de PINO. El contador apoya esta iniciativa y señala que, en caso de tener seguros comprometidos, el registro contable habría sido un aumento en el activo "seguro por cobrar" por $2.500 y una disminución en el activo "inventario" por el mismo monto. No obstante, los cuatro amigos acuerdan evaluar esta opción en el futuro.

El día cuarenta y dos, el contador consulta a los demás accionistas acerca de las contabilizaciones que se deben realizar en PINO al final de esta sexta semana. El administrador destaca la necesidad de devengar los intereses ganados del depósito a plazo que se tomó con el Banco BCI ($10.000 x 0,8 % x 1 semana = $80), la liquidación del depósito a plazo, la depreciación de las PPE ($10 por semana) y los intereses del préstamo con el Banco Santander (1 % x 1 semana x $20.000 = $200). A su vez, el gestor sugiere incluir el devengo de los sueldos ($700 x 2 vendedores x 1 semana = $1.400) y el pago del 75 % de estos, ya que se habían adelantado $350 de los sueldos semanales. Por su parte, el inversor agrega que también se deben reconocer los servicios básicos de la sexta semana, cuya cuenta es de $400 y que se pagará la próxima semana. Finalmente, el contador hace hincapié en no olvidar devengar los arriendos semanales de $1.200 y el cobro del depósito a plazo. De esta manera, el contador procede a registrar estos hechos económicos y ajustes en la ecuación contable, los que presenta a sus amigos mediante el siguiente cuadro:

					PATRIMONIO		
Día	**ACTIVOS**	=	**PASIVOS**	+	**CAPITAL**	+	**UTILIDAD**
42	-Depreciación acumulada: +$10						Gasto de depreciación: -$10
42			Intereses por pagar: +$200				Gasto financiero: -$200
42	DAP: +$80						Ingreso financiero: +$80
42	Efectivo: +$10.240 DAP: -$10.240						
42			SSBB por pagar: +$400				Gasto de SSBB: -$400
42	Efectivo: -$1.050 SPPA: -$350						Gasto de sueldos: -$1.400
42	APPA: -$1.200						Gasto de arriendo: -$1.200

El contador explica a los demás accionistas que, de manera similar a los sueldos que se pagan por adelantado, al devengar el gasto de arrendamiento que se había pagado por anticipado, el activo "APPA" debe disminuir. Así, el saldo de la cuenta de activo "APPA" es de $3.600 ($4.800 – $1.200) al finalizar la sexta semana, reflejando que quedan tres semanas del derecho a usar el local de Buenaventura. Adicionalmente, el contador explica a sus amigos que PINO recibe $10.240 del Banco BCI, debido a que la fecha de vencimiento del depósito a plazo que se tomó con dicho banco coincide con el final de la sexta semana. De este monto, $10.000 corresponden al monto depositado al inicio de la inversión y $240 equivalen al total de los intereses ganados en las tres semanas de plazo de la inversión ($10.000 x 0,8 % x 3 semanas).

Después de analizar las últimas transacciones presentadas por el contador, el inversor pregunta: ¿cuánto fue la utilidad y la rentabilidad sobre las ventas de PINO en estas seis semanas? En respuesta, el contador presenta el siguiente Estado de Resultados:

Estado de Resultados – PINO S.A. Desde el día 1 hasta el día 42	
Ingreso por venta	$116.960
Costo de venta	($30.400)
Ganancia bruta	**$86.560**
Gasto de sueldos	($6.300)
Gasto de servicios básicos	($1.300)
Gasto de publicidad	($500)
Gasto de depreciación	($60)
Pérdida de inventario	($2.500)
Gasto de arriendo	($1.200)
Resultado operacional (EBIT)	**$74.700**
Gasto financiero	($1.200)
Ingreso financiero	$240
Utilidad del ejercicio	**$73.740**

Al respecto, el contador explica al inversor que la ganancia bruta es de $86.560 y que el EBIT es de $74.700, lo que arroja un margen bruto de 74 % (Ganancia Bruta / Ingreso por Venta = $86.560 / $116.960) y un margen operacional de 63,9 % (EBIT / Ingreso por Venta = $74.700 / $116.960). Al descontar del EBIT el "gasto financiero" y sumar el "ingreso financiero", la utilidad del ejercicio es $73.740, siendo el margen neto de 63 % (Utilidad del Ejercicio / Ingreso por Venta = $73.740 / $116.960). En conclusión, la operación de PINO en estas seis semanas ha sido rentable.

Debido a los buenos resultados de la sociedad, el administrador y el contador proponen repartir el 50 % de las utilidades, que es equivalente a $36.870. El inversor y el gestor están de acuerdo con la propuesta y fijan como fecha de pago el quinto día de la próxima semana y, además, solicitan al contador que contabilice esta transacción, ya que al tomar esta decisión surge una obligación para PINO con sus accionistas. El contador procede a registrar un aumento en el pasivo "dividendos por pagar" y una disminución en la cuenta de patrimonio "resultados acumulados". En consecuencia, el saldo de la cuenta "resultados acumulados" de PINO al cierre de la sexta semana se determina como sigue:

$$RA_{\text{Sexta Semana}} = \$0 + \$73.740 - \$36.870$$

$$RA_{\text{Sexta Semana}} = \$36.870$$

El inversor pregunta acerca del estado de los recursos y fuentes de financiamiento al cierre de la sexta semana (día cuarenta y dos). En respuesta, el contador presenta el siguiente Estado de Situación Financiera:

Estado de Situación Financiera – PINO S.A. Al día 42			
ACTIVOS		**PASIVOS**	
Activo corriente		**Pasivo corriente**	
Efectivo	$95.400	Intereses por pagar	$1.200
Inventario	$3.100	Cuentas por pagar	$18.200
Cuentas por cobrar	$16.000	Servicios básicos por pagar	$400
Arriendos pagados por anticipado	$3.600	Ingresos recibidos por anticipado	$10.500
Total activo corriente	**$118.100**	Dividendos por pagar	$36.870
		Total pasivo corriente	**$67.170**
Activo no corriente			
Local	$7.000	**Pasivo no corriente**	
Bodega	$11.000	Préstamos por pagar	$20.000
Depreciación acumulada	($60)	**Total pasivo no corriente**	**$20.000**
Total activo no corriente	**$17.940**		
		Total pasivos	**$87.170**
		PATRIMONIO	
		Capital	$12.000
		Resultados acumulados	$36.870
		Total patrimonio	**$48.870**
Total activos	**$136.040**	**Total pasivos y patrimonio**	**$136.040**

El contador menciona que el Estado de Situación Financiera de PINO al día cuarenta y dos se presenta en su formato correcto, el que separa los activos y pasivos entre corto y largo plazo, denominados corrientes y no corrientes, respectivamente. El gestor pregunta por la cantidad de activos que manejan, qué tal es la rentabilidad de los activos (ROA por sus siglas en inglés). El contador calcula un ROA de 54,9 % (EBIT / Activo Total = $74.700 / $136.040). Además, el contador señala al gestor que la rentabilidad sobre el patrimonio (ROE por sus siglas en inglés) es de 150,9 % (Utilidad del Ejercicio / Patrimonio Total = $73.740 / $48.870).

Ante la pregunta del inversor acerca de cómo se diferencia un activo y un pasivo corriente de uno que no lo es, el contador explica que un activo se clasifica como corriente principalmente cuando se espera vender, transformar, consumir o realizar dentro de los doce meses siguientes a la fecha en que se presenta el Estado de Situación Financiera. En cambio, un pasivo se clasifica como corriente cuando se debe liquidar dentro de los doce meses siguientes a la fecha en que se presenta el Estado de Situación Financiera. En cuanto a los activos y pasivos no corrientes, estos son aquellos que no cumplen con la definición para ser clasificados como corrientes. Por tanto, en este caso, los activos clasificados como PPE y el préstamo con el Banco Santander no se esperan realizar, vender o liquidar dentro de los próximos doce meses a partir del cierre de la sexta semana y, por ello, se presentan en el Estado de Situación Financiera como no corrientes.

ESTADO DE FLUJOS DE EFECTIVO

Los accionistas se sienten satisfechos porque han aprendido a aplicar la ecuación contable y a preparar el Estado de Situación Financiera y el Estado de Resultados. Sin embargo, el contador señala que aún queda por aprender un estado financiero adicional: el Estado de Flujos de Efectivo. Ante la pregunta del inversor respecto de la importancia de este estado financiero, debido a que ya cuentan con una ecuación contable equilibrada, activos en aumento y un resultado del ejercicio más que positivo, el contador responde con preguntas claves en el análisis contable y financiero de las empresas: ¿desde qué actividades se genera el efectivo de la empresa? y ¿cómo se está utilizando ese efectivo en la empresa? Estas preguntas son esenciales para evaluar la liquidez de cualquier empresa, definida como su capacidad de pago a corto plazo.

Con estas preguntas los accionistas comprendieron la importancia de conocer las entradas y salidas de dinero, debido a que la contabilidad se basa en el principio del Devengado y, por tanto, no todos los ingresos y gastos reconocidos en el Estado de Resultados implican un movimiento de efectivo. Un caso concreto son los arriendos que se pagaron por anticipado por $4.800 el día treinta y tres. Esta transacción no pasa por el Estado de Resultados como gasto en ese día, sino que implica una disminución en el activo "efectivo" por $4.800 y un aumento en el activo "APPA" por el mismo monto. Asimismo, en el caso del pasivo "IRPA" por $22.500 que se registró el día treinta, tampoco pasa por el Estado de Resultados como ingreso en dicho día, pero sí aumenta el activo "efectivo" por $22.500. Por tanto, ambas transacciones afectan la liquidez de PINO, pero no impactan su resultado del ejercicio.

En específico, el contador explica que el Estado de Flujos de Efectivo comienza registrando las entradas y salidas de efectivo relacionadas con las operaciones comerciales de la empresa en la sección de actividades de operación. Los movimientos claves en esta sección incluyen los cobros a clientes, los pagos a proveedores y los pagos de gastos operativos. A continuación se presenta la sección de actividades de inversión, donde se registran las entradas y salidas de dinero generadas principalmente por las compras y ventas de PPE, respectivamente. En tercer lugar, se registran los movimientos de efectivo relacionados con las actividades de financiamiento, que incluyen principalmente la obtención y pago de préstamos bancarios, aportes de capital, emisión y pago de bonos, pagos de dividendos y pagos de intereses. Finalmente, para determinar el saldo final de efectivo, se suma al saldo inicial de efectivo el flujo neto de efectivo de cada actividad, también conocido como variación neta de efectivo. Es importante tener en cuenta que el flujo neto de efectivo de una actividad se calcula como las entradas menos las salidas de efectivo correspondientes a esa actividad.

Para facilitar la comprensión del proceso de elaboración del Estado de Flujos de Efectivo correspondiente a las seis semanas de operación de PINO, el contador presenta a continuación a los accionistas el cuadro que utilizó como base para su preparación y elaboración:

Día	Transacción	Flujo	Clasificación
1	Aportes de capital	$12.000	Financiamiento
2	Pagos a proveedores por compras de inventario	($10.000)	Operación
2	Préstamos recibidos	$20.000	Financiamiento
2	Compras de propiedades, plantas y equipos	($7.000)	Inversión
4	Compras de propiedades, plantas y equipos	($11.000)	Inversión
14	Cobros a clientes por ventas de inventario	$960	Operación
15	Pagos de sueldos	($700)	Operación
15	Pagos a proveedores por compras de inventario	($1.800)	Operación
18	Cobros a clientes por ventas de inventario	$12.000	Operación
21	Pagos de servicios de publicidad	($500)	Operación
22	Inversión en depósitos a plazo	($10.000)	Inversión
22	Pagos de servicios básicos	($300)	Operación
22	Pagos de sueldos	($1.400)	Operación
29	Pagos de servicios básicos	($300)	Operación
29	Pagos de sueldos	($1.400)	Operación
29	Pagos de sueldos por anticipado	($350)	Operación
30	Anticipos recibidos de clientes	$22.500	Operación
32	Cobros de cuentas por cobrar a clientes	$12.000	Operación
32	Pagos de deudas a proveedores de inventario	($6.000)	Operación
33	Pagos de arriendos por anticipado	($4.800)	Operación
35	Pagos de sueldos	($1.050)	Operación
36	Pagos de sueldos por anticipado	($350)	Operación
36	Pagos de servicios básicos	($300)	Operación
38	Cobros a clientes por ventas de inventario	$64.000	Operación
42	Liquidación de depósitos a plazo	$10.000	Inversión
42	Intereses recibidos de depósitos a plazo	$240	Inversión
42	Pagos de sueldos	($1.050)	Operación
	Variación neta de efectivo	**$95.400**	
	Saldo inicial de efectivo	$0	
	Saldo final de efectivo al día 42	**$95.400**	

Tras mostrar el cuadro anterior, el contador presenta a sus amigos el siguiente Estado de Flujos de Efectivo correspondiente a las seis semanas de operación de PINO:

Estado de Flujos de Efectivo – PINO S.A. Dese el día 1 hasta el día 42	
Actividades de operación	
Cobros a clientes	$111.460
Pagos a proveedores	($17.800)
Pagos de sueldos	($6.300)
Pagos de otros gastos operacionales	($6.200)
Flujo neto de actividades de operación	**$81.160**
Actividades de inversión	
Compras de propiedades, plantas y equipos	($18.000)
Inversión en depósitos a plazo	($10.000)
Liquidación de depósitos a plazo	$10.000
Intereses recibidos de depósitos a plazo	$240
Flujo neto de actividades de inversión	**($17.760)**
Actividades de financiamiento	
Aportes de capital	$12.000
Préstamos recibidos	$20.000
Flujo neto de actividades de financiamiento	**$32.000**
Variación neta de efectivo	**$95.400**
Saldo inicial de efectivo	$0
Saldo final de efectivo	**$95.400**

El contador a continuación detalla algunas cifras presentadas en el Estado de Flujos de Efectivo, con el objetivo de facilitar su interpretación:

- Los cobros a clientes por $111.460, que es la principal entrada de dinero del periodo, corresponde a la suma de los dineros recibidos de clientes por las ventas de inventario de $76.960 (días catorce, dieciocho y treinta y ocho), cobros de cuentas por cobrar de $12.000 (día treinta y dos) y anticipos recibidos de $22.500 (día treinta).
- Los pagos a proveedores por $17.800 incluyen los pagos realizados por compras de inventario por $11.800 (días dos y quince) y pagos de deudas a proveedores de inventario por $6.000 (día treinta y dos).
- Los pagos de sueldos por $6.300 incluyen los anticipos de sueldos pagados en la quinta y sexta semana por $350 en cada una.
- Los pagos de otros gastos operacionales por $6.200 corresponden a los pagos de publicidad de $500 (día veintiuno), servicios básicos de $900 (días veintidós, veintinueve y treinta y seis) y arriendos pagados por anticipado de $4.800 (día treinta y tres).

- Los pagos realizados por compras de propiedades, plantas y equipos por $18.000 corresponden a los desembolsos del día dos por $7.000 y el día cuatro por $11.000 para comprar un local y una bodega, respectivamente.

Luego, el administrador, al revisar el Estado de Flujos de Efectivo, observa que PINO cuenta con $95.400 en efectivo. Este saldo es el resultado de un flujo neto positivo en las actividades de operación por $81.160 y financiamiento por $32.000, que se ve parcialmente compensado por un flujo neto negativo en las actividades de inversión por $17.760 por la compra principalmente de propiedades, plantas y equipos.

Tras esta observación del administrador, los amigos se dirigen a sus hogares para celebrar junto con sus familias el fin de año, coincidiendo el final de la sexta semana con el 31 de diciembre del año 1.

Comentes

1. En la reciente presentación realizada ante sus accionistas, Embotelladora Andina S.A., una empresa que fabrica bebidas de fantasía como Coca-Cola, Fanta y Sprite, señaló que un recurso, para ser clasificado como activo, debe satisfacer determinados criterios. Estos incluyen la tangibilidad del recurso, el control por parte de la empresa y la capacidad de generar beneficios económicos en futuros ejercicios contables. Comente.

   Explicación:
   Falso. Aunque la definición de activo implica un recurso controlado por la empresa que genera beneficios a lo largo del tiempo, es incorrecto afirmar que debe ser necesariamente tangible. Mientras que existen activos tangibles como el inventario y las propiedades, plantas y equipos, también hay activos intangibles que generan beneficios futuros, así como la propiedad intelectual, derechos de marca, inversiones financieras y *softwares*. En el caso de Embotelladora Andina S.A., su activo más significativo son los derechos contractuales para producir y distribuir productos de la marca Coca-Cola en ciertos territorios de Argentina, Brasil, Chile y Paraguay. Además, los gastos pagados por anticipado y los anticipos a proveedores son otros ejemplos de activos que posee esta empresa y que no son tangibles.

2. Si SMU S.A., empresa que opera supermercados en Chile y Perú, decide arrendar un local y no realizar pagos adelantados por el arriendo de dicho local, tal decisión no implica una reducción en el resultado del ejercicio. Comente.

   Explicación:
   Falso. Si la empresa opta por no realizar desembolsos para arriendos pagados por anticipado (APPA), no se registra el activo "APPA" ni disminuye el activo "efectivo", sino que SMU S.A. debe reconocer el gasto mensual por arriendo. En consecuencia, se reconoce un gasto del período que afecta al resultado del ejercicio.

3. Buho S.A., dedicada a la producción de cuadernos con espirales rectangulares y tapas de cartón reciclado, adquirió hojas por valor de $600 a CMPC S.A., *holding* de

la industria forestal y papelera en Chile, bajo un acuerdo de pago a sesenta días. Si CMPC S.A. otorga un descuento por pronto pago y cobra solo $500, Buho S.A. debería reconocer este ahorro de $100 como una ganancia. Comente.

Explicación:
Verdadero. Al comprar hojas a crédito, Buho S.A. registra un incremento por $600 tanto en el activo "inventario" como en el pasivo "cuentas por pagar". Posteriormente, al realizar un pago de $500, la empresa disminuye el activo "efectivo" en $500 y el pasivo "cuentas por pagar" en $600. Este tratamiento contable genera un aumento neto en el patrimonio de la empresa de $100, reflejado como una ganancia en el Estado de Resultados. Dicho descuento se contabiliza como una ganancia, ya que representa un ahorro en el costo inicialmente reconocido de las hojas.

4. En la presentación a los accionistas, Empresa de Ferrocarriles del Estado S.A., conocida como EFE y renombrada como EFE Trenes de Chile desde mayo de 2021, aclaró que los "resultados acumulados" comprenden las utilidades generadas por la empresa desde su creación hasta hoy, más la totalidad de dividendos repartidos históricamente. Comente.

   Explicación:
   Falso. Los "resultados acumulados" de la empresa deben reflejar las ganancias retenidas tras deducir los dividendos distribuidos, afectando así directamente al patrimonio de la entidad. Por tanto, la distribución de dividendos a los accionistas reduce el patrimonio al disminuir los "resultados acumulados".

5. Si Ripley Chile S.A., cadena que opera en la industria del *retail* en Chile, compra al contado jeans de la marca Wrangler con el fin de venderlos a sus clientes, dicha transacción aumenta tanto el patrimonio como el activo total de la empresa. Comente.

   Explicación:
   Falso. La compra al contado de inventario por parte de una empresa implica una disminución en el activo "efectivo" y un aumento en el activo "inventario". Sin embargo, tal transacción no resulta en un aumento en el patrimonio. Esto se debe a que el activo total se mantiene constante; la disminución en la cuenta "efectivo" se compensa completamente con el aumento de la cuenta "inventario". Además, esta transacción no incurre en cambios en el pasivo de la empresa.

6. Si Nueces del Sur, exportadora chilena de nueces, reporta utilidades en el ejercicio anual reflejado en el Estado de Resultados, se debe registrar un incremento en el patrimonio de la empresa. Este aumento se debe a que los "resultados acumulados" se incrementan con las utilidades obtenidas. Comente.

   Explicación:
   Verdadero. Las utilidades reportadas incrementan los "resultados acumulados" de la empresa, lo que, a su vez, aumenta el patrimonio. Luego, corresponde a los accionistas determinar qué proporción de las utilidades se reparte como dividendos y cuánto se retiene para reinversión en la empresa.

7. Si Ganadera del Norte, empresa especializada en la crianza y engorda de vacunos, recibe la factura de servicios eléctricos correspondiente al consumo de marzo el último día de dicho mes y no la paga, se incurre en una disminución en el patrimonio el último día de marzo. Comente.

   Explicación:
   Verdadero. La recepción de la factura de la luz genera una obligación de pago para la empresa. De acuerdo con el principio del Devengado, este gasto se reconoce en el momento en que se consume. Por tanto, se produce una disminución en la utilidad del ejercicio, como un "gasto de servicios básicos", lo que conlleva a una reducción en el patrimonio por la disminución de los "resultados acumulados".

8. Buho S.A., empresa que se dedica a la producción de cuadernos con espirales rectangulares y tapas de cartón reciclado, había recibido $500 de clientes por envíos de la nueva partida. No obstante, debido a que varios cuadernos resultaron dañados y no pudieron ser entregados a sus clientes, la empresa se vio en la necesidad de reembolsar dicho monto. Esta situación requiere que la empresa revierta (disminuya) las ventas previamente registradas. Comente.

   Explicación:
   Falso. Al recibir el pago de los clientes, los cuadernos de la empresa aún no se habían entregado. Por tanto, se contabilizó un incremento en el pasivo "ingresos recibidos por anticipado" (IRPA) y un aumento en el activo "efectivo". Sin embargo, los cuadernos no pudieron ser entregados debido a un siniestro, obligando a la empresa a devolver el dinero a los clientes, lo que redujo tanto el activo "efectivo" como el pasivo "IRPA". Estos acontecimientos no afectaron a las ventas de la empresa, ya que el pasivo "IRPA" refleja un compromiso de entrega futura que no se concretó debido a circunstancias imprevistas. Para reconocer una venta, es esencial que se realice la entrega efectiva del activo "inventario" al cliente, es decir, se transfiera el dominio del activo cuaderno.

9. Si Ganadera del Norte, una empresa que se dedica a la crianza y engorda de vacunos, registraba 10 vacunos el 25 de marzo y, sin reportar ventas ni casos de enfermedad, descubre que el número se redujo a 8 el día 31 del mismo mes, entonces debe contabilizar una disminución en el patrimonio al final de marzo. Comente.

   Explicación:
   Verdadero. Si el inventario disminuyó y no se reportaron ventas ni vacunos enfermos, entonces se debe registrar una pérdida en el Estado de Resultados, afectando al resultado operacional. En este caso, la disminución en el inventario conlleva a una reducción en el activo total, la que se compensa con el reconocimiento de un gasto. Esta pérdida resulta en una disminución del resultado del ejercicio, afectando los "resultados acumulados" que se presentan en el Estado de Situación Financiera. Finalmente, la pérdida registrada se traduce en una disminución del patrimonio.

10. El 2 de enero de 2022, Ripley Chile S.A., tienda chilena del retail, arrienda un local a Mall Plaza S.A., una cadena chilena de centros comerciales, realizando un pago por anticipado de $3.600, correspondiente a dieciocho meses de arriendos. El contrato de arrendamiento inicia el 1 de abril de 2022 y finaliza el 30 de septiembre de 2023. Por tanto, el 30 de junio de 2022, el impacto en los "resultados acumulados" es de $3.600. Comente.

    Explicación:
    Falso. El arriendo mensual asciende a $200, obtenido de dividir $3.600 entre 18 meses. Desde el inicio del contrato de arrendamiento, el 1 de abril, hasta el 30 de junio de 2022, se debe devengar el gasto correspondiente. Por esta razón, el impacto en los "resultados acumulados" de la empresa es el gasto devengado en abril, mayo y junio de 2022, sumando $600 (3 meses x $200). Es importante tener en cuenta que un gasto reduce el resultado del ejercicio, lo que consecuentemente provoca una disminución en los "resultados acumulados".

11. Si Buho S.A., una empresa productora de cuadernos con espirales rectangulares y tapas de cartón reciclado, experimenta daños en varios cuadernos almacenados en su bodega debido a un temporal de lluvia, este evento implica devengar una pérdida con el fin de reducir el resultado del ejercicio. Comente.

    Explicación:
    Verdadero. El siniestro provoca una disminución en el activo "inventario" de la empresa. Debido a que el pasivo no se ve afectado por este evento, se produce una reducción en el patrimonio, lo que obliga a la empresa a reconocer una pérdida. Por tanto, la pérdida o gasto reconocido disminuye el resultado del ejercicio en el Estado de Resultados.

12. El 1 de marzo de 2023, Carozzi S.A., empresa líder en el sector alimentario, realizó un pago anticipado por los servicios a una agencia de publicidad. El contrato, con una duración de doce meses y un costo total de $42.840, comenzó en la misma fecha del pago. Por consiguiente, al tratarse de un pago por anticipado, esta transacción no modifica el activo total ni el patrimonio de Carozzi S.A. al cierre de 2023. Comente.

    Explicación:
    Falso. Esta transacción no causó un cambio en el activo total ni en el patrimonio el 1 de marzo de 2023, ya que implicó una disminución en el activo "efectivo" y un aumento en el activo "publicidad pagada por anticipado" (PPPA). No obstante, al cierre de 2023, la empresa ya había utilizado nueve meses del servicio contratado, lo que requiere el reconocimiento de un "gasto de publicidad" y una disminución en el activo "PPPA" por $35.700 ($42.840 x (10 meses / 12 meses)). En consecuencia, al finalizar el 2023, tanto el activo total como el patrimonio de la empresa se reducen en $35.700.

13. En enero de 2023, Soprole S.A., empresa fabricante de productos lácteos, recibió un anticipo de $50.000 del hipermercado Jumbo. Posteriormente, en febrero de

2023, despachó el inventario a Jumbo, quien realizó un pago adicional de $10.000 al anticipo previo. El costo del inventario vendido fue de $36.000. Por tanto, la ganancia bruta de Soprole en enero de dicho año asciende a $24.000. Comente.

Explicación:
Falso. En enero de 2023, la ganancia bruta es de $0 , ya que la venta a Jumbo se concreta en febrero, no en enero. La transacción que tuvo lugar en enero corresponde a un anticipo recibido de Jumbo. Este anticipo se registra como un aumento tanto en el activo "efectivo" como en el pasivo "ingresos recibidos por anticipado" (IRPA). En consecuencia, es en febrero de 2023 cuando se debe reconocer la ganancia bruta de $24.000, momento en el que se completa la venta y se transfieren los productos.

14. En la reciente presentación a los accionistas, Embotelladora Andina S.A., una empresa que opera en la industria de bebidas, señaló que un incremento en los "resultados acumulados" provoca necesariamente un aumento equivalente en el "efectivo". Comente.

    Explicación:
    Falso. De acuerdo con el principio del Devengado, los ingresos de un periodo se reconocen independientemente del momento de su cobro. Por ejemplo, en las ventas a crédito, estas aumentan tanto el "ingreso por venta" como el activo "cuenta por cobrar". Esto implica que, si las ventas aún no se han cobrado, habrá una diferencia entre el aumento en los "resultados acumulados", por la diferencia entre el "ingreso por venta" y "costo de venta", y la variación en el "efectivo". Los "resultados acumulados" se ven impactados por los ingresos y gastos reconocidos en el periodo, independientemente de los cobros y pagos efectuados durante ese mismo periodo.

15. Si Ganadera del Norte, una empresa dedicada a la crianza y engorda de vacunos, devenga el arriendo de la bodega usado en el mes, esto implica un aumento en el resultado operacional. Comente.

    Explicación:
    Falso. El resultado operacional aumenta con los ingresos operacionales devengados, como las ventas, y disminuye con los gastos operacionales devengados, que incluyen el costo del inventario vendido y los gastos de administración y ventas (p. ej.: arriendos). Por esta razón, el devengo del arriendo de la bodega es un gasto, lo que reduce el resultado operacional.

16. Quillayes Surlat, una empresa chilena que fabrica productos lácteos y no lácteos, posee acciones en Empresas Lipigas S.A., que se especializa en la comercialización de gas licuado y gas natural. Si Empresas Lipigas S.A. anuncia hoy que el pago de dividendos para la próxima semana, Quillayes Surlat deberá contabilizar estos dividendos como un ingreso. Comente.

Explicación:
Verdadero. De manera similar al devengo de intereses ganados por inversiones en depósitos a plazo, el registro de los dividendos aún no cobrados por la empresa, derivados de su inversión en Empresas Lipigas S.A., se considera un ingreso o ganancia. Por tanto, hoy se registraría un incremento tanto en el "ingreso financiero" (lo que aumenta el resultado del ejercicio) como en el activo "dividendos por cobrar". De este modo, esta contabilización provoca un incremento tanto en el activo total como en los "resultados acumulados" de la empresa.

17. Si Carozzi S.A., empresa líder en alimentos, realiza hoy una compra de un activo a crédito, entonces esta transacción disminuye hoy en el patrimonio. Comente.

Explicación:
Falso. La compra de un activo a crédito no es un gasto, sino un aumento tanto en el pasivo ("cuentas por pagar") como en el activo que se está adquiriendo ("inventario"). Debido a que el patrimonio es igual a la diferencia entre el activo total y el pasivo total, el aumento en el activo se compensa totalmente con el incremento en el pasivo. Por consiguiente, el patrimonio de la empresa hoy no se ve afectado por esta transacción.

18. En su primer año de operación, Andersen Publicidad S.A. reporta ingresos ganados de \$60.000 (de estos, \$52.000 se recibieron en efectivo), gastos reconocidos de \$35.000 (con pagos en efectivo de \$31.000) y un saldo de arriendos pagados por anticipado de \$8.000. Por tanto, la utilidad del ejercicio en el primer año de operación asciende a \$13.000 (\$52.000 – \$31.000 – \$8.000). Comente.

Explicación:
Falso. La utilidad del ejercicio se calcula como la diferencia entre los ingresos y gastos devengados. Este cálculo es independiente de los movimientos de efectivo. Por su parte, los pagos por anticipado de arriendos se registran como activos y solo impactan al resultado del ejercicio cuando los servicios son efectivamente utilizados. Por tanto, en este caso, la utilidad del ejercicio de la empresa es de \$25.000, resultado de restar los gastos devengados de \$35.000 de los ingresos devengados de \$60.000.

19. Si Buho S.A., una empresa productora de cuadernos, había confeccionado 200 cuadernos en un mes y tenía previamente en *stock* 300 cuadernos, pero el saldo final de cuadernos es de 100, entonces se deduce que el resultado del ejercicio disminuye. Esta afirmación se basa en que no existen pérdidas de cuadernos por robos ni deterioro por eventos imprevistos. Comente.

Explicación:
Falso. Considerando el inventario inicial más las compras de cuadernos, la empresa tenía disponible 500 unidades para la venta. Al finalizar el mes, con un inventario de 100 unidades y sin incidencias de robos ni deterioro, se infiere que se han vendido 400 cuadernos. Debido a que el precio de venta de los cuadernos es mayor al costo de adquisición, se reconoce un aumento en el resultado del ejercicio

para la empresa. Este incremento en las ganancias se refleja en la ganancia bruta, calculada como la diferencia entre el "ingreso por venta" y "costo de venta".

20. El 1 de abril de 2023, Copesa S.A., un consorcio periodístico del diario chileno *La Tercera*, recibió $1.548 de la emisora chilena Infinita por una suscripción de treinta y seis meses que entró en vigencia inmediatamente. Por tanto, el 1 de abril de 2023 la utilidad del ejercicio de Copesa S.A. aumenta en $1.548. Comente.

    Explicación:
    Falso. Copesa S.A. recibió $1.548 por adelantado de su cliente Infinita, correspondientes a treinta y seis meses de suscripción. El 1 de abril de 2023 se contabiliza un aumento tanto en el activo "efectivo" como en el pasivo "ingresos recibidos por anticipado" (IRPA). Por tanto, en dicha fecha, no hay un efecto en las utilidades de Copesa S.A. El efecto en las utilidades se genera a medida que la empresa va devengando el ingreso con el transcurso del tiempo, es decir, conforme vence cada mes de la suscripción.

Ejercicios

Ejercicio 1

Se presentan a continuación las transacciones realizadas por WePlay Chile Ltda., empresa especialista en videojuegos, durante enero y febrero de 2023:

- *3 de enero.* Se crea la sociedad con un aporte de capital de $10.000 realizado en dinero por su única dueña.
- *7 de enero.* Se compran al contado 10 libros por $2.500.
- *31 de enero.* Se reconocen los arriendos y los sueldos correspondientes a enero de 2023 por $150 y $200 mensuales, respectivamente. Ambos servicios se pagarán el próximo 10 de febrero.
- *5 de febrero.* Se venden a crédito 3 libros a $600 cada uno.
- *10 de febrero.* Se realiza el pago de los arriendos y sueldos de enero de 2023.
- *11 de febrero.* Se compra un terreno a crédito sin intereses por $2.000.
- *18 de febrero.* Se vende al contado el terreno que se compró el 11 de febrero, debido a que Microplay le ofreció comprarlo en $5.000. Se recibe inmediatamente el dinero y se paga el total de la deuda que se generó al comprar este activo.
- *28 de febrero.* Se reconocen y pagan los sueldos de febrero de 2023 por $200.
- *28 de febrero.* Se devengan los arriendos de febrero de 2023, los que aumentan a $200 mensuales a partir de ese mes. Estos se pagarán al inicio de mayo de 2023.
- *28 de febrero.* Se realiza el pago anticipado de los arriendos de marzo y abril de 2023 por $400.

SE PIDE:

1. Contabilizar las transacciones que ocurren en WePlay Chile Ltda. durante enero y febrero de 2023, utilizando el formato presentado en la siguiente tabla:

Fecha	Cuentas	Variación	Tipo cuenta	Monto
2/Ene/2023	Vehículos	Aumenta	Activo	$5.000
	Efectivo	Disminuye	Activo	$5.000

2. Calcular la utilidad del ejercicio de WePlay Chile Ltda. para el periodo de enero y febrero de 2023.

DESARROLLO DEL EJERCICIO:

Parte 1

3 de enero:

La empresa se crea con un aporte de $10.000 en efectivo de su única propietaria. Este hecho económico se refleja como un aumento en el patrimonio de $10.000, contabilizado mediante la cuenta "capital". Un aporte de capital también implica la inyección de activos en la empresa, que, en este caso, resulta en un incremento en la cuenta "efectivo" de $10.000.

Fecha	Cuentas	Variación	Tipo cuenta	Monto
3/Ene/2023	Efectivo	Aumenta	Activo	$10.000
	Capital	Aumenta	Patrimonio	$10.000

7 de enero:

Se realiza la compra al contado de 10 libros por $2.500. Este pago se refleja en una disminución de $2.500 en el activo "efectivo". Debido a que los libros son los productos asociados con el giro de la empresa, se representan en un incremento en el activo "inventario" por el mismo monto. El costo unitario de cada libro es de $250 ($2.500 / 10 u.).

Fecha	Cuentas	Variación	Tipo cuenta	Monto
7/Ene/2023	Efectivo	Disminuye	Activo	$2.500
	Inventario	Aumenta	Activo	$2.500

31 de enero:

Se registran los arriendos y los sueldos correspondientes a enero de 2023 por $150 y $200, respectivamente. Aunque el pago de estos servicios será el 10 de febrero de 2023, el reconocimiento del "gasto de arriendo" y "gasto de sueldos" se efectúa en enero, ya que dichos servicios fueron utilizados durante ese mes. Estas cuentas de gastos forman parte de los gastos de administración y ventas en el Estado de Resultados. Además, debido a que el desembolso se realizará en febrero de 2023, se produce un aumento en los pasivos, hasta que se realice el desembolso correspondiente. Específicamente, aumentan los pasivos "arriendos por pagar" y "sueldos por pagar".

Fecha	Cuentas	Variación	Tipo cuenta	Monto
31/Ene/2023	Gasto de arriendo	Aumenta	Gasto	$150
	Gasto de sueldos	Aumenta	Gasto	$200
	Arriendos por pagar	Aumenta	Pasivo	$150
	Sueldos por pagar	Aumenta	Pasivo	$200

5 de febrero:
Se vende a crédito 3 libros a $600 cada uno. Esta transacción se registra disminuyendo el activo "inventario" e incrementando el activo "cuentas por cobrar", ya que la venta no se liquida de inmediato. Además, se contabiliza un "ingreso por venta" por $1.800 ($600 x 3 u.) y un "costo de venta" (gasto) por $750 ($250 x 3 u.). Esto arroja una ganancia bruta por la venta de $1.050 ($1.800 – $750), presentada en el Estado de Resultados.

Es importante destacar que el aumento en el activo "cuentas por cobrar" coincide con el aumento en el "ingreso por venta" debido al principio del Devengado. Se reconoce el ingreso de $1.800 aunque el cobro no se haya realizado. Además, la disminución en el activo "inventario" por $750 es igual al monto que se registra en el "costo de venta", ya que está directamente vinculado al costo del inventario vendido.

Fecha	Cuentas	Variación	Tipo cuenta	Monto
5/Feb/2023	Cuentas por cobrar	Aumenta	Activo	$1.800
	Ingreso por venta	Aumenta	Ingreso	$1.800
	Costo de venta	Aumenta	Gasto	$750
	Inventario	Disminuye	Activo	$750

10 de febrero:
Se realiza el pago de los arriendos y sueldos correspondientes a enero de 2023. El pago de una deuda implica contabilizar una disminución en el activo "efectivo" y, simultáneamente, una reducción en el pasivo correspondiente. En este caso, se registran disminuciones en las cuentas de pasivos "arriendos por pagar" y "sueldos por pagar".

Fecha	Cuentas	Variación	Tipo cuenta	Monto
10/Feb/2023	Efectivo	Disminuye	Activo	$350
	Arriendos por pagar	Disminuye	Pasivo	$150
	Sueldos por pagar	Disminuye	Pasivo	$200

11 de febrero:
Se realiza la compra a crédito de un terreno por $2.000. En toda compra de recursos se incrementa el activo correspondiente. En este caso, aumenta el activo "terrenos". La modalidad de pago es a crédito, generando un aumento en el pasivo "terrenos por pagar".

Fecha	Cuentas	Variación	Tipo cuenta	Monto
11/Feb/2023	Terrenos	Aumenta	Activo	$2.000
	Terrenos por pagar	Aumenta	Pasivo	$2.000

18 de febrero:
Se vende al contado el terreno adquirido a Microplay por $5.000. La venta de un activo, como en este caso un terreno, implica el intercambio de un activo por otro. Concretamente, la venta del terreno reduce este activo por su valor contable en la fecha de venta, que es de $2.000. Simultáneamente, se recibe dinero, aumentando el activo "efectivo" por $5.000. Así, la venta resulta en una ganancia de $3.000, ya que el terreno con un costo de $2.000 se vende por $5.000. Esta ganancia se registra como un ingreso operacional. Se clasifica como "otros ingresos" o "utilidad por venta de propiedades, plantas y equipos" en el Estado de Resultados antes del resultado operacional (EBIT por sus siglas en inglés), ya que las propiedades, plantas y equipos (PPE) forman parte de la operación de la empresa.

La utilidad o pérdida que se genera al vender una PPE y que se reconoce como parte del EBIT, no se separa en un "ingreso por venta" y "costo de venta", debido a que no se tiene el giro de vender PPE. En su lugar, se presenta el resultado neto (utilidad o pérdida), reflejando la diferencia entre el valor de venta y el valor contable en la fecha de venta.

Fecha	Cuentas	Variación	Tipo cuenta	Monto
18/Feb/2023	Terrenos	Disminuye	Activo	$2.000
	Efectivo	Aumenta	Activo	$5.000
	Otros ingresos	Aumenta	Ingreso	$3.000

Además, se paga la deuda que se originó por la compra del terreno vendido. Esto se registra disminuyendo por $2.000 tanto el activo "efectivo" como el pasivo "terrenos por pagar".

Fecha	Cuentas	Variación	Tipo cuenta	Monto
18/Feb/2023	Efectivo	Disminuye	Activo	$2.000
	Terrenos por pagar	Disminuye	Pasivo	$2.000

28 de febrero:
Se reconocen y pagan los sueldos correspondientes a febrero de 2023, totalizando $200. Reconocer el servicio utilizado implica un aumento en el "gasto de sueldos". La contrapartida es una disminución en el activo "efectivo", ya que se realiza el pago de este servicio a los trabajadores.

Fecha	Cuentas	Variación	Tipo cuenta	Monto
28/Feb/2023	Gasto de sueldos	Aumenta	Gasto	$200
	Efectivo	Disminuye	Activo	$200

También se devengan los arriendos de febrero de 2023 por $200, los que se pagarán en mayo de 2023. El término "devengar" y "reconocer" se utilizan de manera equivalente, por lo que, en este caso, se registra un "gasto de arriendo". Aunque el servicio se reconoce en enero de 2023, el pago aún no se ha realizado, lo que se registra como un aumento en el pasivo "arriendos por pagar". Es importante recordar que, "si no se paga, se debe".

Fecha	Cuentas	Variación	Tipo cuenta	Monto
28/Feb/2023	Gasto de arriendo	Aumenta	Gasto	$200
	Arriendo por pagar	Aumenta	Pasivo	$200

Finalmente, el 28 de febrero de 2023, se adelanta el pago de los arriendos de marzo y abril de 2023 por un total de $400. La acción de realizar un pago implica una disminución en el activo "efectivo". Además, como contraparte, se registra lo que se está pagando. En este caso, el desembolso se realiza para pagar anticipadamente los arriendos de marzo y abril de 2023, generando un derecho a utilizar un lugar en los siguientes dos meses. Este derecho se registra como un aumento en el activo "arriendos pagados por anticipado" (APPA).

Fecha	Cuentas	Variación	Tipo cuenta	Monto
28/Feb/2023	APPA	Aumenta	Activo	$400
	Efectivo	Disminuye	Activo	$400

Parte 2

Para calcular la utilidad del ejercicio, se debe elaborar el Estado de Resultados, documento que refleja las cuentas de ingresos y gastos. Se inicia con el "ingreso por venta" por $1.800, al que se le resta el "costo de venta" de $750. La diferencia entre estas dos cuentas resulta en una ganancia bruta de $1.050. Al deducir de ella los gastos operativos, que incluyen arriendos por $350 y sueldos por $400, y añadir la ganancia operacional de $3.000 derivada de la venta del terreno, se alcanza un resultado operacional (EBIT por sus siglas en inglés) de $3.300. Este refleja el rendimiento de la actividad principal de la empresa.

No se registran ingresos ni gastos que estén asociados con el resultado financiero. Por tanto, el EBIT coincide con la utilidad o resultado del ejercicio. Esta utilidad se incorpora al patrimonio de la empresa como un incremento en los "resultados acumulados".

Considerando lo expuesto, el Estado de Resultados para los dos primeros meses de 2023 de WePlay Chile Ltda. es el siguiente:

Estado de Resultados – WePlay Chile Ltda. Para enero y febrero de 2023	
Ingreso por venta	$1.800
Costo de venta	($750)
Ganancia bruta	**$1.050**
Gasto de sueldos	($400)
Gasto de arriendo	($350)
Otros ingresos	$3.000
Resultado operacional (EBIT)	**$3.300**
Utilidad del ejercicio	**$3.300**

Ejercicio 2

Se detallan a continuación los saldos de las cuentas de Carozzi S.A., empresa que opera en la industria de alimentos, después de haber registrado cada una de las transacciones que ocurrieron en esos días:

	Efectivo	APPA	Depósitos a plazo	Sueldos por pagar	Préstamos por pagar	Capital	Utilidad o Pérdida
Saldo inicial	$141.000	$90.000	$90.000	$150.000	$156.000	$15.000	$0
Día 1	$141.000	$90.000	$96.000	$150.000	$156.000	$15.000	$6.000
Día 2	$141.000	$75.000	$96.000	$150.000	$156.000	$15.000	($9.000)
Día 3	$126.000	$75.000	$96.000	$156.000	$156.000	$15.000	($30.000)
Día 4	$135.000	$75.000	$96.000	$156.000	$165.000	$15.000	($30.000)
Día 5	$135.000	$75.000	$96.000	$156.000	$170.000	$15.000	($35.000)

Nota: "APPA" es arriendos pagados por anticipado.

SE PIDE:

Explicar las transacciones contabilizadas por Carozzi S.A. en cada día. Asuma que se contabiliza una única transacción por día.

DESARROLLO DEL EJERCICIO:

El saldo inicial de las cuentas de activos, pasivos y patrimonio coincide con el saldo final al cierre del periodo anterior. Es importante señalar que la utilidad o pérdida del ejercicio se determina solamente a partir de los ingresos y gastos reconocidos en el periodo para el que se elabora el Estado de Resultados. En este contexto, se detallan a continuación las transacciones contabilizadas en cada día:

Día 1:
Tanto la utilidad del ejercicio como el saldo del activo "depósitos a plazo" (DAP) experimentan un aumento equivalente por $6.000. Cuando los activos crecen, los pasivos se mantienen constantes y el "capital" no cambia, el patrimonio se incrementa, indicando el reconocimiento de un ingreso. En esta transacción se aplica el principio del

Devengado para reconocer los intereses ganados por invertir en depósitos a plazo, que ascienden a $6.000.

Día 2:
El resultado del ejercicio pasa de una utilidad de $6.000 a una pérdida de $9.000, lo que implica el reconocimiento de un gasto por $15.000. Desde otra perspectiva, la disminución en el activo, manteniendo los pasivos y el "capital" constantes, indica una reducción en el patrimonio, lo que confirma el reconocimiento de un gasto por el monto mencionado. Específicamente, en esta transacción se contabiliza el devengo de los arriendos que se habían pagado por anticipado. El devengamiento de este gasto por $15.000 ("gasto de arriendo") se debe registrar producto del uso del espacio arrendado que se había adelantado su pago, lo que genera una disminución en el activo "APPA" por el mismo monto.

Día 3:
La pérdida aumenta en $21.000. Simultáneamente, el pasivo "sueldos por pagar" aumenta en $6.000, mientras que el activo "efectivo" disminuye en $15.000. Esta situación provoca una reducción en el patrimonio de $21.000, indicando el reconocimiento de un gasto. Específicamente, se reconoce el "gasto de sueldos", es decir, se devengan sueldos por $21.000, de los que se han pagado $15.000 y $6.000 aún están pendientes de pago.

Día 4:
Tanto el activo "efectivo" como el pasivo "préstamos por pagar" aumentan en $9.000, indicando la obtención de financiamiento bancario. El activo total crece con financiamiento de terceros por $9.000.

Día 5:
El pasivo "préstamos por pagar" aumenta en $5.000, mientras que los activos se mantienen constantes. En consecuencia, el patrimonio experimenta una disminución por $5.000, señalando el devengo de un gasto. En esta transacción se devengan los intereses de una obligación con el banco ("gasto financiero"), resultando en un aumento tanto de la pérdida del ejercicio por $5.000 como en el pasivo "préstamos por pagar" por el mismo monto.

Ejercicio 3

A continuación se detallan los saldos de las cuentas de PC Factory Ltda., una empresa especialista en tecnología, después de haber registrado cada una de las transacciones que ocurrieron en esos días:

	Efectivo	Inventario	Cuentas por cobrar	Arriendos por pagar	Bonos por pagar	Capital	Utilidad o Pérdida
Saldo inicial	$15.000	$25.000	$20.000	$20.000	$10.000	$30.000	$0
Día 1	$20.000	$15.000	$35.000	$20.000	$10.000	$30.000	$10.000
Día 2	$20.000	$15.000	$35.000	$30.000	$10.000	$30.000	$0
Día 3	$10.000	$15.000	$35.000	$30.000	$5.000	$30.000	($5.000)
Día 4	$17.000	$15.000	$30.000	$30.000	$5.000	$30.000	($3.000)
Día 5	$7.000	$25.000	$30.000	$30.000	$5.000	$30.000	($3.000)

SE PIDE:

Explicar las transacciones contabilizadas por PC Factory Ltda. en cada día. Asuma que se contabiliza una única transacción por día.

DESARROLLO DEL EJERCICIO:

Las cuentas de activos, pasivos y patrimonio comienzan el periodo con un saldo que coincide con el saldo final al cierre del periodo anterior. No obstante, la utilidad o pérdida del ejercicio está compuesta exclusivamente por los ingresos y gastos del periodo en cuestión. A continuación se analizan los movimientos contables registrados en cada día:

Día 1:
Se observa un aumento en los activos "efectivo" y "cuentas por cobrar" por un monto de $5.000 y $15.000, respectivamente. Al mismo tiempo, la utilidad del ejercicio aumenta en $10.000, mientras que el activo "inventario" registra una disminución de $10.000.

A partir de estos movimientos contables, se puede concluir que la empresa ha realizado una venta de inventario por un valor de $20.000, con un costo de $10.000. La modalidad de pago es 25 % al contado ($5.000 / $20.000) y el restante 75 % a crédito ($15.000 / $20.000). En consecuencia, el "ingreso por venta" asciende a $20.000, coincidiendo con el valor total de la venta, y el "costo de venta" es de $10.000, igualando la disminución en el activo "inventario". Finalmente, esto resulta en una ganancia bruta de $10.000.

Día 2:
El pasivo "arriendos por pagar" aumenta en $10.000, manteniendo los activos constantes, resultando en una disminución en utilidad o pérdida por $10.000. Este cambio refleja el reconocimiento de un "gasto de arriendo" por $10.000, provocando una reducción en el resultado del ejercicio de $10.000. En consecuencia, el resultado del ejercicio baja a $0 en el segundo día. Esta transacción refleja específicamente el reco-

nocimiento de arriendos aún no pagados, por ello se observa un aumento en las obligaciones con terceros (pasivos).

Día 3:
Se registra una pérdida de $5.000, que corresponde al reconocimiento de un gasto por el mismo monto. Esta situación surge a raíz de una disminución en los activos de $10.000, la que supera la disminución en los pasivos de $5.000, resultando así en una reducción del patrimonio. Más específicamente, la disminución en el pasivo "bonos por pagar" refleja el pago parcial de la deuda. Por su parte, el impacto negativo en el resultado del ejercicio se debe al devengamiento y pago de los intereses asociados a esta deuda con bonos. En términos concretos, esta transacción se asemeja al pago de una cuota de deuda, que incluye tanto la amortización del capital (disminución del pasivo) como los intereses (registrados como "gasto financiero" en el Estado de Resultados).

Día 4:
Se observa un aumento en el activo "efectivo" por $7.000, mientras que el activo "cuentas por cobrar" experimenta una disminución de $5.000. Como resultado, la utilidad aumenta en $2.000. Este aumento en el "efectivo" por $7.000 y una disminución de otro activo ("cuentas por cobrar") por $5.000 reporta una ganancia. Esa ganancia se origina en el devengamiento de intereses de la cuenta por cobrar. Es decir, se está realizando el cobro de una cuenta por cobrar a un cliente por un monto de $5.000. Además, se reconoce y cobra el interés ganado por otorgar crédito al cliente, sumando $2.000 adicionales a los ingresos, los que no habían sido previamente devengados.

Día 5:
Cuando se realiza la adquisición de inventario al contado, como en el caso presente con un valor de $10.000, se evidencia un incremento en el activo "inventario". Este incremento se ve exactamente compensado por una disminución equivalente en el activo "efectivo". Por tanto, esta transacción no produce ningún efecto en el patrimonio de la entidad. A menudo puede surgir la confusión de considerar que tal transacción podría incrementar el patrimonio al reconocerse como un ingreso. No obstante, considerando que no hay variación ni en el total de activos ni en el total de pasivos, el patrimonio permanece inalterado, y, en consecuencia, no se reconoce ningún ingreso a partir de esta operación.

Ejercicio 4

Ripley Chile S.A., una reconocida cadena de tiendas por departamento en Chile, presenta algunas transacciones reflejadas en sus estados financieros correspondientes al 2023:

Transacciones	2023
Ventas de inventario al contado	$50.000
Intereses devengados y no pagados de un préstamo bancario	$5.000
Devengos de intereses ganados por inversiones en depósitos a plazo	$12.500
Aportes de capital en efectivo	$4.000
Sueldos devengados y pagados	$21.000
Pagos de servicios básicos devengados en 2022	$15.000
Anticipos de clientes recibidos y no realizados	$9.000
Arriendos devengados y no pagados	$12.000

SE PIDE:

Según la información proporcionada, ¿cuánto es el saldo total de los pasivos de Ripley Chile S.A. al finalizar el 2023, considerando un pasivo total al inicio del año de $30.000?

DESARROLLO DEL EJERCICIO:

Las ventas de inventario realizadas al contado y el devengo de intereses ganados por inversiones en depósitos a plazo se traducen en el devengamiento de ingresos y en un incremento de los activos. En contraste, los aportes de capital en efectivo generan una obligación hacia los dueños, resultando en un aumento del patrimonio. Además, los sueldos devengados y pagados se registran como un "gasto de sueldos" y una disminución en el activo "efectivo", sin impactar en el total de pasivos.

En cuanto a las demás transacciones, el interés devengado de un préstamo bancario aún no pagado conlleva un incremento tanto en el "gasto financiero" como en el pasivo "intereses por pagar", aumentando los pasivos totales en $5.000. De manera similar, los arriendos devengados y no pagados causan un aumento tanto en el "gasto de arriendo" como en el pasivo "arriendos por pagar", incrementando los pasivos totales en $12.000. Los anticipos recibidos de clientes, por su parte, se reflejan como un aumento en los pasivos, ya que el dinero recibido por ventas aún no concretadas origina la obligación de entregar inventario, incrementando el pasivo en $9.000. Por el contrario, el pago de servicios básicos devengados en 2022 reduce el pasivo "servicios básicos por pagar" en $15.000.

Por tanto, el saldo del pasivo total al cierre de 2023 es de $39.000, calculado como sigue:

$$\text{Saldo Final}_{2023} = \text{Saldo Inicial}_{2023} + \text{Aumentos}_{2023} - \text{Disminuciones}_{2023}$$

$$\text{Saldo Final}_{2023} = \$30.000 + (\$5.000 + \$12.000 + \$9.000) - \$15.000$$

$$\text{Saldo Final}_{2023} = \$30.000 + \$26.000 - \$15.000$$

$$\text{Saldo Final}_{2023} = \$41.000$$

Ejercicio 5

Se presentan seguidamente los datos correspondientes al 2023 de Ice Cream S.A. operador en Chile de las conocidas heladerías Savory:

Cuentas o transacciones	2023
Valor de venta de los helados vendidos	$75.000
Bonos de productividad a trabajadores reconocidos y pagados	$25.000
Costo de venta de helados	$50.250
Saldo inicial de capital	$150.000
Intereses devengados y pagados	$12.000
Dividendos declarados y no pagados	$15.000
Sueldos reconocidos y no pagados	$21.000
Anticipos recibidos de clientes y no realizados	$45.000
Gasto de arriendo	$16.750
Ingreso financiero	$3.000
Saldo inicial de resultados acumulados	$20.000
Pérdidas por ventas de maquinarias	$6.000
Compras de helados	$30.000
Premio recibido por ganar la lotería	$100.000
Pérdidas por siniestro de máquinas	$8.000

SE PIDE:

1. Preparar el Estado de Resultados de Ice Cream S.A. para 2023.
2. ¿Cuánto es el saldo del "inventario" de Ice Cream S.A. al 31 de diciembre de 2023, considerando que a inicios del año el valor del *stock* de helados es de $60.000?
3. ¿Cuánto es el total de patrimonio de Ice Cream S.A. al 31 de diciembre de 2023?
4. ¿Cuánto es el saldo inicial del "ingreso por venta" y "gasto de arriendo" de Ice Cream S.A. en 2024?
5. Si el nivel de ventas y la estructura de gastos operacionales de Ice Cream S.A. se mantienen para 2023, entonces la utilidad del ejercicio de la empresa en 2024 será positiva. Comente.

DESARROLLO DEL EJERCICIO:

Parte 1

En el Estado de Resultados de 2023 se detallan los ingresos y gastos devengados durante ese año. De acuerdo con los datos proporcionados, se excluyen los siguientes elementos:

- El saldo inicial de las cuentas de patrimonio "capital" y "resultados acumulados", ya que ambas cuentas afectan al Estado de Situación Financiera.

- Los dividendos declarados y no pagados no son un gasto y, por tanto, no figuran en el Estado de Resultados. Cuando una empresa reparte utilidades, se produce una disminución del patrimonio mediante una reducción de la cuenta "resultados acumulados".
- Los anticipos recibidos de clientes se registran como un pasivo. Debido a que, según el enunciado, las ventas aún no se han concretado, persiste la obligación de entregar helados a los clientes. Por tanto, aún no se puede devengar el ingreso.
- Las compras de helados aumentan el activo "inventario" y disminuyen el activo "efectivo", o bien aumentan el pasivo "cuentas por pagar".

Considerando lo anterior, los datos restantes se asocian con el devengo de ingresos y gastos para 2023, estructurando así el Estado de Resultados de dicho año de la manera siguiente:

Estado de Resultados – Ice Cream SpA Para el año 2023	
Ingreso por venta	$75.000
Costo de venta	($50.250)
Ganancia bruta	**$24.750**
Gasto de sueldos	($21.000)
Gasto de arriendo	($16.750)
Gasto de bonos de productividad	($25.000)
Pérdida por siniestro	($8.000)
Pérdida por venta de maquinarias	($6.000)
Resultado operacional (EBIT)	**($52.000)**
Gasto financiero	($12.000)
Ingreso financiero	$3.000
Otros ganancias	$100.000
Utilidad del ejercicio	**$39.000**

Tras la elaboración del Estado de Resultados, se explica el orden de presentación de sus elementos. Inicialmente se muestran tanto el "ingreso por venta" como el "costo de venta", ya que son las partidas principales de este estado financiero y que se asocian directamente con el giro de la empresa. Estos reflejan el valor total de los helados vendidos y el costo de adquisición de dichos helados. Su diferencia arroja una ganancia bruta de $24.750.

Los gastos relacionados con sueldos y bonos a empleados, así como los arriendos devengados, son gastos operacionales. Esta categorización se debe a que son necesarios para el funcionamiento de la empresa y contribuyen directamente a sus ventas. Por su parte, las pérdidas por siniestro y ventas de máquinas también se consideran gastos operacionales, ya que afectan directamente al funcionamiento y flujos de la empresa. Esta venta y siniestro afectan a los activos operacionales de la empresa. Con estos datos se calcula el resultado operacional, que resulta ser negativo, ascendiendo a $52.000.

A continuación se presentan todos los ingresos y gastos que no están asociados con la actividad principal de la empresa, llamados no operacionales. Entre los gastos se incluyen el "gasto financiero", que son los intereses devengados, mientras que los ingresos no operacionales abarcan tanto el "ingreso financiero" (intereses ganados) como las "otras ganancias", como, por ejemplo, premios de la lotería, que se consideran eventos fortuitos y ajenos al giro de la empresa.

Finalmente, al sumar el resultado operacional con el resultado no operacional, se determina la utilidad del ejercicio de Ice Cream S.A. que para 2023 es de $39.000.

Parte 2

El saldo inicial de $60.000 aparece en la misma pregunta 2. El saldo final (SF) del activo "inventario" al cierre de 2023 es de $39.750, el que se determina como sigue:

$$SF_{2023} = \text{Saldo Inicial}_{2023} + \text{Compras(costo)}_{2023} - \text{Ventas(costo)}_{2023}$$

$$SF_{2023} = \text{Saldo Inicial}_{2023} + \text{Compras(costo)}_{2023} - \text{Costo de Venta}_{2023}$$

$$SF_{2023} = \$60.000 + \$30.000 - \$50.250$$

$$SF_{2023} = \$39.750$$

Parte 3

El "capital" alcanza a $150.000 al 31 de diciembre de 2023, manteniéndose sin cambios durante el año al no haberse registrado aumentos de capital. En cuanto al saldo final (SF) de los "resultados acumulados", asciende a $44.000 al término de 2023. Este se determina tomando en cuenta el saldo inicial (SI) del año, la utilidad del ejercicio y los dividendos declarados durante ese mismo período, como se ilustra a continuación:

$$SF_{2023} = \text{Saldo Inicial}_{2023} + \text{Utilidad del Ejercicio}_{2023} - \text{Dividendos Declarados}_{2023}$$

$$SF_{2023} = \$20.000 + \$39.000 - \$15.000$$

$$SF_{2023} = \$44.000$$

Parte 4

Las cuentas "ingreso por venta" y "gasto de arriendo" presentan un saldo de $0 al comienzo de 2024. Es importante entender que, al inicio de cada año contable, todas las cuentas de ingresos y gastos se reinician. Este procedimiento se lleva a cabo porque la utilidad o pérdida del ejercicio se transfiere desde el Estado de Resultados a los "resultados acumulados" en el patrimonio. De esta forma las cuentas del Estado de Resultados comienzan cada año con un saldo de $0, facilitando así la separación y evaluación del desempeño financiero de cada período anual.

Parte 5

Aunque la empresa registra un resultado positivo para el ejercicio de 2023 de $39.000, es relevante destacar que esta ganancia no se origina en sus actividades comerciales principales. De hecho, el resultado operacional es negativo por $52.000, lo que señala que los ingresos generados por el giro no alcanzan para cubrir los gastos operativos.

La utilidad de 2023 se debe a factores aleatorios más que a la eficiencia de las operaciones. En concreto, ganancias no operacionales y no recurrentes, como los obtenidos de un premio de lotería por $100.000, han influido significativamente en este resultado positivo. Si la empresa continúa con el mismo nivel de ventas y estructura de gastos en 2024, es probable que genere una pérdida. La dependencia de ingresos no recurrentes para generar utilidades pone en duda la viabilidad del modelo de negocio actual.

Ejercicio 6

Nueces del Sur, una empresa chilena exportadora de nueces, presenta a continuación las contabilizaciones correspondientes a las cuentas de "resultados acumulados" y "dividendos por pagar" de 2023:

Fecha	Cuentas	Variación	Tipo cuenta	Monto
10/Mar/2023	Dividendos por pagar	Disminuye	Pasivo	$20.000
	Efectivo	Disminuye	Activo	$20.000
15/Abr/2023	Resultados acumulados	Disminuye	Patrimonio	$200.000
	Dividendos por pagar	Aumenta	Pasivo	$150.000
	Efectivo	Disminuye	Activo	$50.000
25/Abr/2023	Dividendos por pagar	Disminuye	Pasivo	$120.000
	Efectivo	Disminuye	Activo	$120.000
10/Oct/2023	Resultados acumulados	Disminuye	Patrimonio	$50.000
	Dividendos por pagar	Aumenta	Pasivo	$50.000
31/Oct/2023	Dividendos por pagar	Disminuye	Pasivo	$40.000
	Efectivo	Disminuye	Activo	$40.000

SE PIDE:

1. ¿Cuánto es el monto de los dividendos declarados por Nueces del Sur en 2023?
2. Si la pérdida del ejercicio de Nueces del Sur en 2023 es de $100.000 y sus "resultados acumulados" al cierre de 2023 son de $50.000, ¿cuánto es el saldo de "resultados acumulados" de la empresa al 31 de diciembre de 2022?
3. ¿Cómo afectan los dividendos al Estado de Flujos de Efectivo de Nueces del Sur preparado para 2023 y en cuánto?

DESARROLLO DEL EJERCICIO:

Parte 1

Los dividendos declarados representan la distribución de utilidades generadas por una empresa a sus accionistas. Cuando esto ocurre, se disminuye la cuenta de patrimonio "resultados acumulados", la que registra las utilidades disponibles para ser repartidas entre los accionistas.

Al momento de declarar dividendos, la empresa anuncia su plan de pagar un monto determinado por acción a sus accionistas. Esta declaración origina una obligación de pago y, al mismo tiempo, provoca una disminución de la cuenta "resultados acumulados". Es importante destacar que la declaración de dividendos no implica necesariamente un desembolso inmediato, ya que las fechas de pago suelen fijarse para más adelante. Si se declaran y pagan, se contabiliza una disminución tanto en el activo "efectivo" como en "resultados acumulados". En cambio, si se declaran y el pago se realiza en el futuro, entonces se debe aumentar el pasivo "dividendos por pagar" y rebajar los "resultados acumulados".

En este caso, para calcular los dividendos declarados, se suman las disminuciones en la cuenta de patrimonio "resultados acumulados" registradas durante ese año. Así, los dividendos declarados por Nueces del Sur en 2023 ascienden a $250.000, resultado de la suma de $200.000 del 15 de abril y $50.000 del 10 de octubre.

Parte 2

Los "resultados acumulados" (RA) al 31 de diciembre de 2023 se calculan así:

$$RA_{2023} = RA_{2022} - \text{Pérdida del Ejercicio}_{2023} - \text{Dividendos Declarados}_{2023}$$

Despejando RA_{2022}:

$$RA_{2022} = RA_{2023} + \text{Pérdida del Ejercicio}_{2023} + \text{Dividendos Declarados}_{2023}$$

Sustituyendo las variables por sus montos para determinar los "resultados acumulados" al cierre de 2022 (RA_{2022}):

$$RA_{2022} = \$50.000 + \$100.000 + \$250.000$$

$$RA_{2022} = \$400.000$$

En conclusión, el saldo inicial de los "resultados acumulados" en 2023 es de $400.000, que coincide con el saldo final de los "resultados acumulados" al cierre de 2022.

Parte 3

En el Estado de Flujos de Efectivo de Nueces del Sur de 2023, se registran los dividendos efectivamente pagados durante ese año, independientemente de si fueron declarados en 2023 o en años anteriores. La empresa desembolsó $230.000 en el transcurso de 2023, desglosados en pagos de $20.000 del 10 de marzo, $50.000 del 15 de abril, $120.000 del 25 de abril y $40.000 del 31 de octubre, para cumplir con sus obligaciones de dividendos con los accionistas. Este desembolso de efectivo se presenta como parte de las actividades de financiamiento en el Estado de Flujos de Efectivo.

Ejercicio 7

Se conocen las siguientes transacciones ocurridas en Embotelladora Andina S.A., una empresa que fabrica bebidas de fantasía como Coca-Cola, Fanta y Sprite, durante 2023:

Transacciones	2023
Arriendos devengados que fueron pagados por adelantado	$80.000
Intereses devengados de depósitos a plazo	$20.000
Arriendos devengados y no pagados	$20.000
Seguros devengados y que no fueron pagados por anticipado	$15.000
Recepción de la cuenta de la luz utilizada en el año y no pagada	$10.000
Anticipos recibidos de clientes por entregas de inventario en 2024	$20.000
Bonos de sueldos reconocidos como gastos y no pagados	$25.000
Indemnizaciones del personal devengadas y no pagadas	$15.000
Dividendos declarados y no pagados	$10.000
Pagos por anticipado a proveedores de inventario	$15.000

SE PIDE:

¿Cuánto es el resultado del ejercicio de Embotelladora Andina S.A. para 2023?

DESARROLLO DEL EJERCICIO:

Para calcular el resultado del ejercicio de 2023 es necesario identificar los ingresos y gastos devengados en dicho año. A continuación se presenta un análisis de los hechos económicos ocurridos durante ese año:

- Los arriendos devengados que fueron pagados por adelantado se reflejan como un aumento en el "gasto de arriendo" de $80.000 y una disminución equivalente en el activo "arriendos pagados por anticipado". En este caso, la palabra "arriendos devengados" implica un gasto, si estos se pagan o no pagan es irrelevante para definirlo como gasto.
- Los intereses devengados de depósitos a plazo se contabilizan como un aumento en el activo "depósitos a plazo" en $20.000 y el reconocimiento de un "ingreso financiero" por el mismo monto.
- Los arriendos (Arr.) devengados y no pagados se contabilizan como un "gasto de arriendo" de $20.000, lo que conlleva una disminución, un aumento en el pasivo "arriendos por pagar" por el mismo monto. Por tanto, los arriendos totales reco-

nocidos en 2023 son de $100.000, al considerar los $80.000 de los arriendos que fueron pagados por adelantado.

- Los seguros devengados y no pagados por anticipado por un monto de $15.000 implican reconocer un "gasto de seguros". Nuevamente, "seguros devengados" son gastos porque se han devengado. Dependiendo de si el pago se ha realizado o no, se debe contabilizar una disminución en el activo "efectivo" o un incremento en el pasivo "seguros por pagar".
- La cuenta de electricidad por $10.000, asociada al servicio de 2023 no pagado, requiere el devengo de un "gasto de servicios básicos (SSBB)" y un aumento en el pasivo "SSBB por pagar" por dicho monto.
- Los anticipos recibidos de clientes por $20.000 para entregas de inventario en 2024 se contabilizan como un incremento en el pasivo "ingresos recibidos por anticipado" y un aumento en el activo "efectivo". Al no haberse entregado el inventario en 2023, no se reconoce un "ingreso por venta" ni un "costo de venta".
- El reconocimiento de los bonos de sueldos como gastos de $25.000 implica un aumento en el pasivo correspondiente, manteniendo constante el activo, lo que resulta en una disminución en el patrimonio.
- Las indemnizaciones (Ind.) del personal devengadas y no pagadas se registran como un gasto y un aumento en el pasivo por $15.000.
- Los dividendos declarados y no pagados disminuyen el patrimonio mediante una reducción de los "resultados acumulados" en $10.000 y aumentando el pasivo "dividendos por pagar" por igual monto.
- Finalmente, el pago por anticipado a proveedores de $15.000 se anota como un aumento en el activo "anticipos a proveedores" y una disminución en el activo "efectivo". Este movimiento no afecta ni gastos ni ingresos, ya que corresponde a un derecho futuro sobre inventario.

Tras el análisis anterior, el resultado de ejercicio para 2023 se determina como sigue:

$$\text{Total de Ingresos}_{2023} = \text{Financiero}_{2023}$$
$$\text{Total de Ingresos}_{2023} = \$20.000$$
$$\text{Total de Gastos}_{2023} = \text{Arr.}_{2023} + \text{Seguros}_{2023} + \text{SSBB}_{2023} + \text{Bonos}_{2023} + \text{Ind.}_{2023}$$

$$\text{Total de Gastos}_{2023} = \$100.000 + \$15.000 + \$10.000 + \$25.000 + \$15.000$$
$$\text{Total de Gastos}_{2023} = \$165.000$$

$$\text{Resultado del Ejercicio}_{2023} = \text{Total de Ingresos}_{2023} - \text{Total de Gastos}_{2023}$$
$$\text{Resultado del Ejercicio}_{2023} = \$20.000 - \$165.000$$
$$\text{Resultado del Ejercicio}_{2023} = -\$145.000$$

Ejercicio 8

Quillayes Surlat, reconocida empresa chilena en la producción de productos lácteos y no lácteos, se encuentra preparando los datos contables para la próxima presentación a sus accionistas. Los Estados de Situación Financiera al cierre de los años 2022 y 2023 se presentan a continuación:

Estado de Situación Financiera – Quillayes Surlat Al 31 de diciembre de 2022 y 2023					
ACTIVOS	**2023**	**2022**	**PASIVOS**	**2023**	**2022**
Activo corriente			**Pasivo corriente**		
Efectivo	$25.000	$35.000	Préstamos por pagar	$50.000	$70.000
Cuentas por cobrar	$90.000	$120.000	Cuentas por pagar	$50.000	$120.000
Inventario	$60.000	$95.000	Sueldos por papar	$40.000	$50.000
Arriendos pagados por anticipado	$25.000	$30.000	**Total pasivo corriente**	**$140.000**	**$240.000**
Total activo corriente	**$200.000**	**$280.000**			
			Pasivo no corriente		
Activo no corriente			Préstamos por pagar	$60.000	$80.000
Máquinas	$88.000	$70.000	**Total pasivo no corriente**	**$60.000**	**$80.000**
Total activo no corriente	**$88.000**	**$70.000**			
			Total pasivos	**$200.000**	**$320.000**
			PATRIMONIO		
			Capital	$20.000	$20.000
			Resultados acumulados	$68.000	$10.000
			Total patrimonio	**$88.000**	**$30.000**
Total activos	**$288.000**	**$350.000**	**Total pasivos y patrimonio**	**$288.000**	**$350.000**

Información adicional del año 2023:

- Las ventas de productos lácteos y no lácteos se realizaron la mitad al contado y la otra mitad a crédito.
- Las compras tanto de inventario como de maquinarias se efectuaron a crédito. Ambas deudas se reflejan en la cuenta de pasivo "cuentas por pagar".
- En el transcurso del año se devengaron los intereses financieros de las deudas bancarias a corto y a largo plazo por $1.000 y $5.000, respectivamente. Estos montos se registraron en la cuenta de pasivo "préstamos por pagar".
- No se realizaron pagos de obligaciones bancarias a largo plazo ni se solicitaron nuevos préstamos (corto y largo plazo) durante el periodo.
- Se efectuó un pago del pasivo "cuentas por pagar" por $165.000.
- No existe depreciación ni ventas de máquinas en el periodo.

SE PIDE:

1. ¿Cuánto es el costo del inventario vendido de Quillayes Surlat de 2023 si no hay mermas, robos ni otras pérdidas?
2. ¿Cuánto es el monto del pago de préstamos bancarios a corto plazo de Quillayes Surlat en 2023?

DESARROLLO DEL EJERCICIO:

Parte 1

Es necesario tener en cuenta que el saldo inicial (SI) del periodo de las cuentas de activos, pasivos y patrimonio coincide con el saldo final (SF) al cierre del periodo anterior. Por tanto, el saldo final de 2022 representa el saldo inicial de 2023 para las cuentas del Estado de Situación Financiera.

Para calcular el costo del inventario vendido de 2023, reflejado en la cuenta de gasto "costo de venta" (*Incógnita X*), es importante considerar en qué transacción se registra esta cuenta. Al realizar una venta de productos se debe contabilizar tanto el "costo de venta" como la disminución en el activo "inventario". Por tanto, el monto de esta cuenta de gasto se determina a partir de las disminuciones registradas en el activo "inventario" en 2023, asumiendo la ausencia de mermas, robos y otras pérdidas. Así, el saldo final de este activo al cierre de 2023 se puede expresar como sigue:

$$SF_{2023} = SI_{2023} + \text{Aumentos}_{2023} - \text{Disminuciones}_{2023}$$

$$SF_{2023} = SI_{2023} + \text{Compras de Inventario}_{2023} - \text{Costo de Inventario Vendido}_{2023}$$

$$SF_{2023} = SI_{2023} + \text{Compras de Inventario}_{2023} - \text{Costo de Venta}_{2023}$$

$$SF_{2023} = SI_{2023} + Y_{2023} - X_{2023}$$

Despejando la *Incógnita X*:

$$X_{2023} = SI_{2023} - SF_{2023} + Y_{2023} \qquad (1)$$

De acuerdo con el Estado de Situación Financiera, los saldos inicial y final del activo "inventario" son \$95.000 y \$60.000 en 2023, respectivamente. Sin embargo, no se dispone del dato correspondiente a las compras de inventario (*Incógnita Y*).

Para calcular las compras de inventario en 2023 es importante considerar que estas se realizan a crédito. Esto significa que cualquier aumento en el activo "inventario" se vincula directamente con un incremento en el pasivo "cuentas por pagar". No obstante, se debe tener en cuenta que las compras de máquinas (*Incógnita Z*) también se efectúan a crédito, generando así un pasivo que se refleja igualmente en "cuentas por pagar". En consecuencia, el saldo final de este pasivo se calcula de la siguiente manera:

$$SF_{2023} = SI_{2023} + Aumentos_{2023} - Disminuciones_{2023}$$

$$SF_{2023} = SI_{2023} + \text{Compras de Activos a Crédito}_{2023} - Pagos_{2023}$$

$$SF_{2023} = SI_{2023} + (Y_{2023} + Z_{2023}) - Pagos_{2023}$$

Despejando la *Incógnita Y*:

$$Y_{2023} = SF_{2023} - SI_{2023} - Z_{2023} + Pagos_{2023} \qquad (2)$$

Según el Estado de Situación Financiera, los saldos inicial y final del pasivo "cuentas por pagar" en 2023 son \$120.000 y \$50.000, respectivamente. De acuerdo con el enunciado, los pagos realizados en estas cuentas ascienden a \$165.000 durante el mismo año. Respecto de las compras de máquinas (activo "máquinas"), se calculan en \$18.000, cifra obtenida de la diferencia entre los saldos finales de los años 2023 y 2022, que es de \$88.000 menos \$70.000. Considerando que en 2023 no se reportan ventas ni depreciaciones de máquinas, las compras representan el único movimiento en este activo. De esta manera, las compras de inventario a crédito (*Incógnita Y*) se calculan, conforme con la ecuación (2), como sigue:

$$Y_{2023} = \$50.000 - \$120.000 - \$18.000 + \$165.000$$

$$Y_{2023} = \$77.000$$

Por consiguiente, el "costo de venta" (*Incógnita X*) se determina de la siguiente manera, basándose en la ecuación (1):

$$X_{2023} = SI - SF + \text{Compras de Inventario}_{2023}$$

$$X_{2023} = \$95.000 - \$60.000 + \$77.000$$

$$X_{2023} = \$112.000$$

En resumen, el "costo de venta" de Quillayes Surlat para 2023 asciende a \$112.000 (*Incógnita X*).

Parte 2

Préstamos por pagar de largo plazo:

En 2023, los antecedentes del pasivo de largo plazo "préstamos por pagar" incluyen los siguientes elementos:

- Saldo inicial (SI) de \$80.000.
- Saldo final (SF) de \$60.000.
- Intereses devengados (DEV_LP) por \$5.000.
- No hay pagos (PA_LP) ni nuevos préstamos (NP_LP).

Los movimientos de esta parte del pasivo se detallan mediante la siguiente ecuación:

$$SF_{2023} = SI_{2023} + DEV\_LP_{2023} + NP\_LP_{2023} - TRASPASOS_{2023} - PA\_LP_{2023} \quad (1)$$

La variable *Traspasos* refleja los movimientos del largo plazo al corto plazo en el pasivo "préstamos por pagar". Es relevante destacar que una deuda de largo plazo, en algún momento, tendrá un vencimiento menor o igual a doce meses desde la fecha de presentación del Estado de Situación Financiera. En este punto, disminuye el pasivo de largo plazo y aumenta el pasivo de corto plazo por un monto equivalente. Por tanto, la variable *Traspasos* se determina como sigue, de acuerdo con la ecuación (1):

$$TRASPASOS_{2023} = SI_{2023} - SF_{2023} + DEV\_LP_{2023} + NP\_LP_{2023} - PA\_LP_{2023}$$

Sustituyendo las variables por sus montos correspondientes para determinar la variable *TRASPASOS*:

$$TRASPASOS_{2023} = \$80.000 - \$60.000 + \$5.000 + \$0 - \$0$$

$$TRASPASOS_{2023} = \$25.000$$

Así, los traspasos del largo plazo al corto plazo en el pasivo "préstamos por pagar" son de $25.000 en 2023.

Préstamos por pagar de corto plazo:
Con un saldo final (SF) de $50.000, un saldo inicial (SI) de $70.000, intereses devengados de corto plazo (DEV_CP) de $1.000, sin nuevos préstamos (NP_CP) y con traspasos del largo plazo al corto plazo (TRASPASOS) de $25.000, los pagos de préstamos bancarios de corto plazo (PA_CP) en 2023 se pueden calcular a partir de la ecuación (2):

$$SF_{2023} = SI_{2023} + DEV\_CP_{2023} + NP\_CP_{2023} + TRASPASOS_{2023} - PA\_CP_{2023} \quad (2)$$

Despejando la variable *PA_CP*:

$$PA\_CP_{2023} = SI_{2023} - SF_{2023} + DEV\_CP_{2023} + NP\_CP_{2023} + TRASPASOS_{2023}$$

Sustituyendo las variables por sus montos correspondientes para determinar la variable *PA_CP*:

$$PA\_CP_{2023} = \$70.000 - \$50.000 + \$1.000 + \$0 + \$25.000$$

$$PA\_CP_{2023} = \$46.000$$

En definitiva, los pagos de préstamos bancarios de corto plazo son de $46.000 en 2023.

Ejercicio 9

La empresa Buho S.A., dedicada a la venta de cuadernos con espirales rectangulares y tapas de cartón reciclado, presenta a continuación los estados financieros para el primer año de operación (2023), los que presentan varios errores, atribuibles a los conocimientos contables limitados de su dueño:

Estado de Resultados – Buho S.A. Para el año 2023	
Cuentas por pagar	$200.000
Pagos a proveedores	($200.000)
Gasto de sueldos	($150.000)
Pagos de publicidad	($5.000)
Capital	$2.300.000
Efectivo	$3.315.000
Costo de venta	($250.000)
Total	**$5.210.000**

Estado de Flujos de Efectivo – Buho S.A. Para el año 2023	
Ingreso por venta	$1.000.000
Pagos de seguros	($70.000)
Gasto de seguros	($70.000)
Terrenos	$100.000
Máquinas	$200.000
Préstamos por pagar	$1.000.000
Gasto financiero	($10.000)
Total	**$2.150.000**

Estado de Situación Financiera – Buho S.A. Al 31 de diciembre de 2023			
Inventario	$150.000	Cobros a clientes	$700.000
Préstamos recibidos	$1.000.000	Cuentas por cobrar	$300.000
Pagos de intereses bancarios	($10.000)	Pagos de sueldos	($100.000)
Utilidad del ejercicio	$500.000	Aportes de capital en efectivo	$2.000.000
Sueldos por pagar	($50.000)	Publicidad por pagar	$15.000
Gasto de publicidad	($20.000)		
Total	**$1.570.000**	**Total**	**$2.915.000**

Información adicional:

- Todas las cuentas por cobrar y las deudas se pagarán dentro de un plazo no mayor a doce meses, contando desde el 31 de diciembre de 2023.
- Las compras de inventario se realizan a crédito y se registran en "cuentas por pagar".
- Se ha realizado la contabilización de todas las transacciones. Por tanto, los saldos presentados en las cuentas y los flujos de efectivo reflejan los montos que deben figurar en los estados financieros.

SE PIDE:

1. Presentar correctamente el Estado de Resultados de Buho S.A. para 2023.
2. Presentar correctamente el Estado de Flujos de Efectivo de Buho S.A. para 2023.
3. Presentar correctamente el Estado de Situación Financiera de Buho S.A. al 31 de diciembre de 2023.
4. Responder las siguientes preguntas:
   a) ¿Cuánto es el saldo de las propiedades, plantas y equipos de Buho S.A. al cierre de 2023?
   b) ¿Cuánto es el saldo total de la deuda con terceros de Buho S.A. al 31 de diciembre de 2023?
   c) ¿Cuánto es el monto de los sueldos devengados por Buho S.A. en 2023?
   d) ¿Cuánto es el valor total de los cuadernos comprados a proveedores por Buho S.A. en 2023?

DESARROLLO DEL EJERCICIO:

Parte 1

El Estado de Resultados de Buho S.A. para 2023, que se presenta a continuación, incluye únicamente las cuentas de ingresos y gastos, la que se deben clasificar en dos categorías, operacionales y no operacionales.

Estado de Resultados – Buho S.A. Para el año 2023	
Ingreso por venta	$1.000.000
Costo de venta	($250.000)
Ganancia bruta	**$750.000**
Gasto de sueldos	($150.000)
Gasto de publicidad	($20.000)
Gasto de seguros	($70.000)
Resultado operacional (EBIT)	**$510.000**
Gasto financiero	($10.000)
Utilidad del ejercicio	**$500.000**

La utilidad del ejercicio en 2023 para Buho S.A. es de $500.000, siendo esta principalmente atribuible al giro del negocio, con un resultado operacional de $510.000. Pero se identificaron varios errores en la elaboración de este estado financiero, que se detallan a continuación:

- Se incluyeron cuentas que no corresponden al Estado de Resultados, así como activos ("efectivo"), pasivos ("cuentas por pagar") y patrimonio ("capital"), las que se deben presentar en el Estado de Situación Financiera.
- Se registraron movimientos como el "pago a proveedores" y el "pago de publicidad" en el Estado de Resultados, cuando estos deben constar en el Estado de Flujos de Efectivo. Es importante destacar que el Estado de Resultados considera los montos devengados, que no necesariamente coinciden con los pagos realizados.
- Se omitieron algunas cuentas clave de ingresos y gastos, así como "ingreso por venta", "gasto de publicidad", "gasto de seguros" y "gasto financiero".
- No se realizó la distinción adecuada entre elementos operacionales y no operacionales. Además, dentro de lo operacional, no se presentaron la ganancia bruta ni el resultado operacional.

Parte 2

El Estado de Flujos de Efectivo, que refleja las entradas y salidas de efectivo durante un periodo, se estructura en torno a las actividades de operación, inversión y financiamiento. De acuerdo con los datos proporcionados, el Estado de Flujos de Efectivo de Buho S.A. para 2023 se presenta a continuación:

Estado de Flujos de Efectivo – Buho S.A. Para el año 2023	
Actividades de operación	
Cobros a clientes	$700.000
Pagos a proveedores	($200.000)
Pagos de sueldos	($100.000)
Pagos de seguros	($70.000)
Pagos de publicidad	($5.000)
Flujo neto de actividades de operación	**$325.000**
Actividades de financiamiento	
Aportes de capital	$2.000.000
Préstamos recibidos	$1.000.000
Pagos de intereses	($10.000)
Flujo neto de actividades de financiamiento	**$2.990.000**
Variación neta de efectivo	**$3.315.000**
Saldo inicial de efectivo	$0
Saldo final de efectivo	**$3.315.000**

Buho S.A. registra $3.315.000 en "efectivo" al cierre de 2023, originado principalmente de fuentes de financiamiento. En detalle, las contribuciones más significativas al flujo de efectivo durante el año son los "aportes de capital" por $2.000.000 y "préstamos recibidos" por $1.000.000.

Al comparar la presentación correcta de este estado financiero con la versión proporcionada por el dueño de la empresa, se detectaron varios errores:

- Se añadieron activos, como "terrenos" y "máquinas", y pasivos, como "préstamos por pagar", los que se deben presentar en el Estado de Situación Financiera.
- Se incluyeron cuentas que pertenecen al Estado de Resultados, así como "ingreso por venta", "gasto de seguros" y "gasto financiero".
- La mayoría de los flujos de efectivo ocurridos durante el periodo se ignoraron, limitándose solo a la salida de efectivo asociada con los seguros.
- No se realizó la clasificación de los flujos de efectivo en las actividades de operación, inversión y financiamiento.

Parte 3

Para la correcta elaboración del Estado de Situación Financiera es esencial contar con los saldos de las cuentas de activos, pasivos y patrimonio, clasificándolos en corrientes y no corrientes. Basado en la información proporcionada, el Estado de Situación Financiera de Buho S.A. al 31 de diciembre de 2023 debe quedar con la siguiente estructura:

Estado de Situación Financiera – Buho S.A. Al 31 de diciembre de 2023			
ACTIVOS		**PASIVOS**	
Activo corriente		**Pasivo corriente**	
Efectivo	$3.315.000	Préstamos por pagar	$1.000.000
Cuentas por cobrar	$300.000	Cuentas por papar	$200.000
Inventario	$150.000	Sueldos por pagar	$50.000
Total activo corriente	**$3.765.000**	Publicidad por pagar	$15.000
		Total pasivo corriente	**$1.265.000**
Activo no corriente			
Terrenos	$100.000	**Total pasivos**	**$1.265.000**
Máquinas	$200.000		
Total activo no corriente	**$300.000**	**PATRIMONIO**	
		Capital	$2.300.000
		Resultados acumulados	$500.000
		Total patrimonio	**$2.800.000**
Total activos	**$4.065.000**	**Total pasivos y patrimonio**	**$4.065.000**

El Estado de Situación Financiera de Buho S.A., como fue presentado por su dueño, contiene errores significativos. Estos errores incluyen indebidamente flujos de efectivo, tales como los "pagos de sueldos", "pagos de intereses bancarios", "aportes de capital en efectivo" y "cobros a clientes", que corresponden al Estado de Flujos de Efectivo. Además, se presentaron gastos, como los "gastos de publicidad", que deberían figurar en el Estado de Resultados. Otro aspecto por destacar es la falta de la clasificación de los activos y pasivos en términos de corto y largo plazo. Finalmente, no se incorporó la utilidad del ejercicio como parte de los "resultados acumulados" en el patrimonio que, en este caso, al ser el primer año de operación de la empresa, son iguales a la utilidad del ejercicio de 2023.

Parte 4

A continuación se detallan las respuestas a las preguntas:

Letra a:
Las propiedades, plantas y equipos (PPE), activos tangibles de largo plazo utilizados para operaciones o propósitos administrativos, tienen un saldo de $300.000. Este monto se compone de "terrenos" por $100.000 y "máquinas" por $200.000.

Letra b:
La deuda con terceros es de $1.265.000 al final de 2023, que corresponde al pasivo total. En este caso, el pasivo total y el pasivo corriente son iguales, porque no hay pasivos a largo plazo.

Letra c:
El "gasto de sueldos" es de $150.000, como se reporta en el Estado de Resultados de 2023. Esta cifra representa los sueldos que la empresa ha incurrido durante ese año, independientemente de los pagos realizados por este concepto en 2023. Según el Estado de Flujos de Efectivo de 2023, Buho S.A. pagó solamente $100.000 en sueldos, dejando $50.000 como "sueldos por pagar". Al ser el primer año de operación de Buho S.A. no hay saldo inicial en las cuentas.

Letra d:
Para determinar las compras de cuadernos en 2023, se analizan los movimientos registrados en el activo "inventario", del que se conoce la siguiente información para ese año:

- Saldo inicial (SI) de $0, debido a que Buho S.A. inició sus operaciones en 2023.
- Saldo final (SF) de $150.000, que se obtiene del Estado de Situación Financiera.
- Disminuciones de $250.000, que se refleja en el costo del inventario vendido ("costo de venta") en el Estado de Resultados.

Por tanto, las compras de inventario (*Incógnita X*) se pueden determinar a partir de la siguiente ecuación, que permite calcular el saldo final del activo "inventario":

$$SF_{2023} = SI_{2023} + Aumentos_{2023} - Disminuciones_{2023}$$

$$SF_{2023} = SI_{2023} + \text{Compras de Inventario}_{2023} - \text{Costo del Inventario Vendido}_{2023}$$

$$SF_{2023} = SI_{2023} + X_{2023} - \text{Costo del Inventario Vendido}_{2023}$$

Despejando la *Incógnita X*:

$$X_{2023} = SF_{2023} - SI_{2023} + \text{Costo del Inventario Vendido}_{2023}$$

Sustituyendo los valores de las variables para determinar la *Incógnita X* de Compras de $Inventario_{2023}$:

$$X_{2023} = \$150.000 - \$0 + \$250.000$$

$$X_{2023} = \$400.000$$

En definitiva, Buho S.A. realizó compras de inventario por $400.000 durante 2023.

Ejercicio 10

Muebles Sur SpA. empresa chilena especializada en la venta de muebles de diseño contemporáneo, presenta el siguiente Estado de Situación Financiera al 31 de diciembre de 2022:

Estado de Situación Financiera – Muebles Sur SpA Al 31 de diciembre de 2022			
ACTIVOS		**PASIVOS**	
Activo corriente		**Pasivo corriente**	
Efectivo	$25.000	Préstamos por pagar	$10.000
Cuentas por cobrar	$40.000	Cuentas por papar	$15.000
Inventario	$60.000	Ingresos recibidos por anticipado	$5.000
Arriendos pagados por anticipado	$16.000	**Total pasivo corriente**	**$30.000**
Total activo corriente	**$141.000**		
		Pasivo no corriente	
Activo no corriente		Préstamos por pagar	$20.000
Terrenos	$10.000	Bonos por pagar	$20.000
Locales	$20.000	**Total pasivo no corriente**	**$40.000**
Depreciación acumulada	($2.000)		
Total activo no corriente	**$28.000**	**Total pasivos**	**$70.000**
		PATRIMONIO	
		Capital	$80.000
		Resultados acumulados	$19.000
		Total patrimonio	**$99.000**
Total activos	**$169.000**	**Total pasivos y patrimonio**	**$169.000**

En cuanto a los saldos de las cuentas al 31 de diciembre de 2022, se conoce lo siguiente:

- El inventario consta de 20 muebles, con un costo unitario de $3.000.
- Restan ocho meses de uso para los arriendos de un local que se habían pagado por anticipado.
- La depreciación anual de los locales es de $500.
- El préstamo bancario tiene una tasa de interés simple del 12 % anual. El pago de intereses es cada cuatro meses (30 de abril, 31 de agosto y 31 de diciembre de cada año). Por su parte, la amortización del capital del préstamo es anual por un monto de $10.000, la que se realiza el 30 de abril de cada año.
- El pasivo "ingresos recibidos por anticipado" corresponde a un anticipo del cliente Juan Pérez que realizó en diciembre de 2022 por muebles a entregar durante 2023.
- La deuda de bonos se amortiza al vencimiento, el que es el 30 de abril de 2030. Los intereses se pagan semestralmente (30 de junio y 31 de diciembre de cada año), siendo la tasa de interés simple del 6 % semestral.

Durante el primer semestre de 2023 ocurren las transacciones que se detallan a continuación:

- *3 de febrero.* Se entrega 1 mueble a Juan Pérez por un valor de venta de $5.000.
- *12 de marzo.* Se cobran deudas a clientes por $20.000.
- *15 de marzo.* Se compran 10 acciones de SMU S.A. a $150 cada una.
- *30 de abril.* Se paga la cuota del préstamo bancario, que incluye los intereses correspondientes y una amortización de capital de $10.000.
- *5 de mayo.* Se declaran dividendos por $5.000, los que se pagan el 10 de mayo.
- *10 de mayo.* Se pagan los dividendos que se declararon el 5 de mayo.
- *15 de mayo.* Se desembolsan $9.000 como un anticipo a proveedores de inventario, cuyos muebles se van a recibir en julio de 2023.
- *20 de mayo.* Se venden a crédito 10 muebles a $5.000 cada uno.
- *30 de junio.* Se devengan los sueldos del primer semestre de 2023 por $4.000, de estos se pagan el 75 %. El resto se va a pagar durante julio de 2023.
- *30 de junio.* Se reconocen y pagan los servicios básicos del primer semestre de 2023 por $1.500.
- *30 de junio.* Se reconocen y pagan los intereses de la deuda por bonos de esa fecha.
- *30 de junio.* Se compran muebles al contado para uso administrativo por $2.000. Estos se depreciarán a una tasa del 10 % anual.

- *30 de junio.* Se reconocen el resto de los ajustes contables que se derivan del enunciado, siendo el precio de la acción de SMU S.A. a esa fecha de $165.

SE PIDE:

1. Contabilizar las transacciones que ocurren en Muebles Sur SpA durante el primer semestre de 2023, utilizando el formato de la siguiente tabla:

Fecha	Cuentas	Variación	Tipo cuenta	Monto
2/Ene/2023	Vehículos	Aumenta	Activo	$5.000
	Efectivo	Disminuye	Activo	$5.000

2. Preparar el Estado de Resultados de Muebles Sur SpA para el primer semestre de 2023.
3. Preparar el Estado de Flujos de Efectivo de Muebles Sur SpA para el primer semestre de 2023.
4. Preparar el Estado de Situación Financiera de Muebles Sur SpA al cierre del primer semestre de 2023.

DESARROLLO DEL EJERCICIO:

Parte 1

Las contabilizaciones de las transacciones indicadas en el enunciado son las siguientes:

#	Fecha	Cuentas	Variación	Tipo cuenta	Monto
1	3/Feb/2023	Ingreso por venta	Aumenta	Ingreso	$5.000
		IRPA	Disminuye	Pasivo	$5.000
		Costo de venta	Aumenta	Gasto	$3.000
		Inventario	Disminuye	Activo	$3.000
2	12/Mar/2023	Efectivo	Aumenta	Activo	$20.000
		Cuentas por cobrar	Disminuye	Activo	$20.000
3	15/Mar/2023	Efectivo	Disminuye	Activo	$1.500
		Acciones SMU	Aumenta	Activo	$1.500
4	30/Abr/2023	Gasto financiero	Aumenta	Gasto	$1.200
		Préstamos por pagar	Disminuye	Pasivo	$10.000
		Efectivo	Disminuye	Activo	$11.200
5	5/May/2023	Dividendos por pagar	Aumenta	Pasivo	$5.000
		Resultados acumulados	Disminuye	Patrimonio	$5.000
6	10/May/2023	Efectivo	Disminuye	Activo	$5.000
		Dividendos por pagar	Disminuye	Pasivo	$5.000
7	15/May/2023	Efectivo	Disminuye	Activo	$9.000
		Anticipos a proveedores	Aumenta	Activo	$9.000

#	Fecha	Cuentas	Variación	Tipo cuenta	Monto
8	20/May/2023	Ingreso por venta	Aumenta	Ingreso	$50.000
		Cuentas por cobrar	Aumenta	Activo	$50.000
		Costo de venta	Aumenta	Gasto	$30.000
		Inventario	Disminuye	Activo	$30.000
9	30/Jun/2023	Gasto de sueldos	Aumenta	Gasto	$4.000
		Efectivo	Disminuye	Activo	$3.000
		Sueldos por pagar	Aumenta	Pasivo	$1.000
10	30/Jun/2023	Gasto de servicios básicos	Aumenta	Gasto	$1.500
		Efectivo	Disminuye	Activo	$1.500
11	30/Jun/2023	Gasto financiero	Aumenta	Gasto	$1.200
		Efectivo	Disminuye	Activo	$1.200
12	30/Jun/2023	Muebles (PPE)	Aumenta	Activo	$2.000
		Efectivo	Disminuye	Activo	$2.000

Se presentan a continuación algunas explicaciones acerca de las contabilizaciones anteriores:

- *3 de febrero.* Se reduce el pasivo "ingreso recibido por anticipado" (IRPA), debido a la entrega del mueble al cliente Juan Pérez que había realizado el pago por anticipado. En esta fecha se devenga el "ingreso por venta", correspondiente al valor de venta del mueble, reflejando la realización de la venta.
- *15 de marzo.* Las acciones de SMU S.A. se valoran al precio de la acción vigente en ese momento. Por tanto, se incrementa el activo "acciones SMU", que es un activo financiero, en $1.500, que corresponde a la adquisición de 10 acciones a un precio de $150 cada una en esa fecha.
- *30 de abril.* Se devengan y pagan los intereses del préstamo bancario, calculados en $1.200. Este monto resulta de multiplicar el saldo total adeudado del préstamo (corto y largo plazo) en esa fecha de $30.000 por cuatro meses (de enero hasta abril) a una tasa de interés simple del 1 % mensual (12 % anual dividido por 12 meses).
- *5 de mayo.* Los dividendos declarados disminuyen directamente el patrimonio, mediante la reducción de los "resultados acumulados". No se consideran como una cuenta de gasto y, por tanto, no afectan al resultado del ejercicio.
- *30 de junio.* Se devengan y pagan los intereses del financiamiento mediante bonos, totalizando $1.200. Este cálculo se realiza multiplicando el saldo total adeudado a esa fecha de $20.000 por la tasa de interés semestral del 6 %. En este caso, se aplica directamente el 6 % semestral, ya que se están devengando los intereses correspondientes a un periodo de seis meses (de enero hasta junio o primer semestre).

En el último punto del enunciado se especifica que al 30 de junio se deben contabilizar los ajustes restantes derivados de las operaciones descritas. Esto implica registrar en esa fecha ciertos ajustes para valorizar adecuadamente los activos, pasivos y patrimonio, así como el resultado del ejercicio que surgen de la aplicación del principio del Devengado. A continuación se presentan en detalle este tipo de contabilizaciones:

#	Fecha	Cuentas	Variación	Tipo cuenta	Monto
13	30/Jun/2023	Gasto de arriendo	Aumenta	Gasto	$12.000
		APPA	Disminuye	Activo	$12.000
14	30/Jun/2023	Gasto financiero	Aumenta	Gasto	$400
		Intereses por pagar	Aumenta	Pasivo	$400
15	30/Jun/2023	Ingreso financiero	Aumenta	Ingreso	$150
		Acciones SMU	Aumenta	Activo	$150
16	30/Jun/2023	Gasto de depreciación	Aumenta	Gasto	$250
		Depreciación acumulada	Disminuye	Activo	$250

De estos cuatro ajustes contables se puede señalar lo siguiente:

- Al 31 de diciembre de 2022, aún restan por utilizar ocho meses de los arriendos que se pagaron por anticipado a un canon mensual de $2.000 ($16.000 / 8 meses). Durante el primer semestre de 2023, se consumieron seis meses, lo que implica el reconocimiento de un "gasto de arriendo" de $12.000 y una disminución en el activo "arriendos pagados por anticipado" (APPA) por el mismo monto.
- Se reconocieron los intereses del préstamo bancario correspondientes a los primeros cuatro meses de 2023 el 30 de abril. Por tanto, quedan por reconocer los intereses de mayo y junio, que ascienden a $400 ($20.000 x 1 % x 2 meses). A partir del 1 de mayo, el saldo adeudado es de $20.000, ya que el 30 de abril se realizó una amortización de la deuda de $10.000.
- Las acciones que tiene la empresa como inversión a la fecha del cierre contable se debe valorizar al precio de la acción de dicha fecha. En este caso, la inversión en acciones queda a un valor de $1.650 que corresponde a 10 acciones a un valor de $165 cada una. Por tanto, el activo "acciones SMU" aumentó en $150, el que permite reconocer un "ingreso financiero" por el mismo monto.
- Debido a que los locales se utilizaron durante el primer semestre de 2023, es necesario reconocer la depreciación correspondiente a dicho periodo. El monto por devengar es de $250, calculado como la depreciación anual de $500 dividido en dos semestres. Esto implica registrar un "gasto de depreciación" de $250 y una disminución en el valor de "propiedades, planta y equipos" (PPE) por el mismo monto, por medio de la cuenta "depreciación acumulada". Esta reducción del valor del activo se lleva a cabo mediante el aumento de la cuenta "depreciación acumulada", que actúa como un activo negativo. Es relevante destacar que los terrenos

no se deprecian y la depreciación no se rebaja directamente de la cuenta de activos "locales", sino que se registra en la cuenta de "depreciación acumulada". Los muebles (PPE) se deprecian a partir del segundo semestre de 2023.

Parte 2

El saldo de las cuentas de ingresos y gastos refleja la acumulación de devengos en el transcurso del periodo. Se destaca que estas cuentas de resultados no tienen un saldo inicial, ya que la utilidad del ejercicio del año anterior forma parte de los "resultados acumulados" del nuevo año. Además, el Estado de Resultados solamente considera los ingresos y gastos del periodo para el que se presenta este estado financiero. Como ejemplo para este caso, el saldo del "ingreso por venta" al cierre del primer semestre de 2023 es de $55.000, resultado de la suma de $5.000 reconocidos el 3 de febrero y $50.000 devengados el 20 de mayo.

A continuación se presenta el Estado de Resultados de Muebles Sur SpA para el primer semestre de 2023:

Estado de Resultados – Muebles Sur SpA Para el primer semestre de 2023	
Ingreso por venta	$55.000
Costo de venta	($33.000)
Ganancia bruta	**$22.000**
Gasto de sueldos	($4.000)
Gasto de arriendo	($12.000)
Gasto de servicios básicos	($1.500)
Gasto de depreciación	($250)
Resultado operacional (EBIT)	**$4.250**
Gasto financiero	($2.800)
Ingreso financiero	$150
Utilidad del ejercicio	**$1.600**

En conclusión, la empresa Muebles Sur SpA generó una utilidad de $1.600 y un margen neto de 2,9% (Utilidad del Ejercicio / Ingreso por Venta = $1.600 / $55.000) en el primer semestre de 2023. Este resultado se deriva de un resultado operacional de $4.250, el que se ve compensado parcialmente por gastos financieros netos de $2.650 (Gasto Financiero – Ingreso Financiero = $2.800 – $150).

Parte 3

El Estado de Flujos de Efectivo de Muebles Sur SpA para el primer semestre de 2023 es el siguiente:

Estado de Flujos de Efectivo – Muebles Sur SpA Para el primer semestre de 2023	
Actividades de operación	
Cobros a clientes	$20.000
Pagos a proveedores	($9.000)
Pagos de sueldos	($3.000)
Pagos de servicios básicos	($1.500)
Flujo neto de actividades de operación	**$6.500**
Actividades de inversión	
Compras de propiedades, plantas y equipos	($2.000)
Inversión en acciones	($1.500)
Flujo neto de actividades de inversión	**($3.500)**
Actividades de financiamiento	
Pagos de préstamos	($10.000)
Pagos de intereses	($2.400)
Pagos de dividendos	($5.000)
Flujo neto de actividades de financiamiento	**($17.400)**
Variación neta de efectivo	**($14.400)**
Saldo inicial de efectivo	$25.000
Saldo final de efectivo	**$10.600**

Se observa que las entradas y salidas de efectivo se deben clasificar en actividades de operación, inversión y financiamiento. Además, se acumulan los flujos de efectivo de naturaleza similar durante el periodo. A modo de ejemplo, el pago de intereses de $2.400 resulta de la suma de $1.200 que se pagaron el 30 de abril y $1.200 que se desembolsaron el 30 de junio.

Durante el primer semestre de 2023, el activo "efectivo" experimentó una disminución de $14.400, según la variación neta de efectivo. Esta variación negativa es el resultado de flujos netos negativos en financiación de $17.400 e inversión de $3.500, compensados parcialmente por un flujo neto positivo de la operación de $6.500. Por último, al restar la variación neta de efectivo al saldo inicial de efectivo de $25.000, se obtiene un saldo de efectivo al cierre del primer semestre de 2023 de $10.600.

Parte 4

Como se ha indicado previamente, el saldo de las cuentas de activos, pasivos y patrimonio que se presenta en el Estado de Situación Financiera corresponde a la suma del saldo inicial más el total de aumentos del periodo y menos el total de las disminuciones del periodo. Por ejemplo, el saldo del activo "cuentas por cobrar" al 30 de junio de 2023 es el saldo inicial de $40.000 (saldo al 31 de diciembre de 2022) más $50.000 de la venta a crédito del 20 de mayo y menos $20.000 del cobro a clientes realizado el 12 de marzo. Así, el Estado de Situación Financiera de Muebles Sur SpA al 30 de junio de 2023 es el siguiente:

Estado de Situación Financiera – Muebles Sur SpA Al 30 de junio de 2023			
ACTIVOS		**PASIVOS**	
Activo corriente		**Pasivo corriente**	
Efectivo	$10.600	Intereses por pagar	$400
Acciones SMU	$1.650	Préstamos por pagar	$10.000
Cuentas por cobrar	$70.000	Cuentas por papar	$15.000
Inventario	$27.000	Sueldos por pagar	$1.000
Arriendos pagados por anticipado	$4.000	**Total pasivo corriente**	**$26.400**
Anticipo de proveedores	$9.000		
Total activo corriente	**$122.250**	**Pasivo no corriente**	
		Préstamos por pagar	$10.000
Activo no corriente		Bonos por pagar	$20.000
Terrenos	$10.000	**Total pasivo no corriente**	**$30.000**
Muebles	$2.000		
Locales	$20.000	**Total pasivos**	**$56.400**
Depreciación acumulada	($2.250)		
Total activo no corriente	**$29.750**	**PATRIMONIO**	
		Capital	$80.000
		Resultados acumulados	$15.600
		Total patrimonio	**$95.600**
Total activos	**$152.000**	**Total pasivos y patrimonio**	**$152.000**

Se puede destacar del Estado de Situación Financiera anterior, lo siguiente:

- Los "resultados acumulados" de $15.600 se obtienen al sumar el saldo inicial de $19.000 y la utilidad del ejercicio de $1.600, menos los dividendos declarados de $5.000.
- El saldo del activo "efectivo" de $10.600 coincide con el saldo final que se presenta en el Estado de Flujos de Efectivo. Este último estado financiero detalla cómo la empresa alcanzó ese monto.

- El saldo del pasivo "interés por pagar" de $400 se clasifica como corriente, ya que se va a pagar el próximo 31 de agosto, es decir, en dos meses más a contar del 30 de junio de 2023.
- El "préstamo por pagar" no corriente se redujo de $20.000 al inicio del año a $10.000 al 30 de junio de 2023, tras traspasar $10.000 del largo plazo al corto plazo. Esta operación se llevó a efecto considerando que a esa fecha restan diez meses para el pago de la próxima amortización de $10.000, programada para el 30 de abril de 2024. En cuanto al "préstamo por pagar" corriente, este refleja el traspaso de $10.000 mencionado anteriormente del largo al corto plazo, ya que la deuda de corto plazo de $10.000 al inicio del año se pagó el 30 de abril.
- Los "bonos por pagar" continúan clasificándose como un pasivo no corriente, ya que su vencimiento es mayor a doce meses a contar del 30 de junio de 2023. La amortización total de esta deuda está programada para el 30 de abril de 2030.
- Los "arriendos pagados por anticipado" (APPA) de $4.000 corresponden a los arriendos que se pagaron por anticipado para julio y agosto de 2023, que representan los dos meses restantes por utilizar.

CAPÍTULO 3
Proceso contable

Introducción

En el Capítulo 2 se abordó el análisis de las transacciones y la preparación de los estados financieros, destacando la importancia de la ecuación contable: Activo = Pasivo + Patrimonio. La comprensión de cómo esta ecuación se modifica con el registro de transacciones es esencial para el tópico de este Capítulo 3, titulado Proceso Contable.

En este tercer capítulo se continúa con el registro de transacciones y la elaboración de los estados financieros, introduciendo el uso de asientos contables y "mayores" ("cuentas T"). Este procedimiento contable requiere registrar los movimientos de una cuenta en el "debe" y "haber".

Al igual que en el capítulo anterior, los conceptos teóricos se ilustran mediante los movimientos contables de la librería PINO S.A. Se recuerda que el cierre del primer año coincide con el final de la sexta semana de operación de PINO, siendo el Estado de Situación Financiera correspondiente a esa fecha el que se presenta a continuación:

Estado de Situación Financiera – PINO S.A. Al 31 de diciembre del año 1			
ACTIVOS		**PASIVOS**	
Activo corriente		**Pasivo corriente**	
Efectivo	$95.400	Intereses por pagar	$1.200
Inventario	$3.100	Cuentas por pagar	$18.200
Cuentas por cobrar	$16.000	Servicios básicos por pagar	$400
Arriendos pagados por anticipado	$3.600	Ingresos recibidos por anticipado	$10.500
Total activo corriente	**$118.100**	Dividendos por pagar	$36.870
		Total pasivo corriente	**$67.170**
Activo no corriente			
Local	$7.000	**Pasivo no corriente**	
Bodega	$11.000	Préstamos por pagar	$20.000
Depreciación acumulada	($60)	**Total pasivo no corriente**	**$20.000**
Total activo no corriente	**$17.940**		
		Total pasivos	**$87.170**
		PATRIMONIO	
		Capital	$12.000
		Resultados acumulados	$36.870
		Total patrimonio	**$48.870**
Total activos	**$136.040**	**Total pasivos y patrimonio**	**$136.040**

Caso práctico

Libro diario

SEMANA 1

Al comenzar el segundo año, el lunes, los cuatro amigos se reúnen para planificar el nuevo año. Al inicio de la reunión, el contador destaca que los saldos iniciales de las cuentas de activos, pasivos y patrimonio para este segundo año son iguales a los saldos finales al cierre del año anterior. No obstante, enfatiza que las cuentas de ingresos y gastos comienzan el segundo año con un saldo de $0, porque el Estado de Resultados refleja solamente la utilidad o pérdida del año en curso.

Con el fin de alcanzar este propósito, el contador explica que el resultado del ejercicio del año anterior se integra al saldo inicial de los "resultados acumulados" del presente año. Así, los "resultados acumulados" en el segundo año se verán aumentados (o disminuidos) por la utilidad (o pérdida) generada en dicho año y se ajustarán por los dividendos que se decidan declarar durante el mismo año. Además, señala que el Estado de Flujos de Efectivo acumula únicamente los movimientos de efectivo que corresponde al año en curso.

Luego de la explicación, los demás amigos hacen gestos en señal de aprobación, demostrando que han comprendido las explicaciones del contador.

En la reunión de planificación, los amigos deciden expandir sus operaciones a la ciudad de La Serena. Esta decisión se fundamenta en los resultados exitosos de Santiago en el último periodo y en las prometedoras proyecciones de ventas para La Serena presentadas por el administrador. También acuerdan que la preparación de los estados financieros se va a realizar cada tres semanas y que los sueldos de los vendedores se pagarán al final de cada mes.

Para financiar la apertura del nuevo establecimiento y cubrir los eventuales gastos de esta expansión, en el día tres del nuevo año, cada amigo realiza un nuevo aporte de capital de $5.000 en efectivo, que totalizan $20.000. Este aporte se formaliza mediante la emisión de 80 nuevas acciones, valoradas en $250 cada una y que cada uno suscribe y paga 20 acciones por $5.000. Ese mismo día tres, también se efectúan pagos de dividendos adeudados y servicios básicos (SSBB) por pagar. Ambos pasivos figuran en el Estado de Situación Financiera al 31 de diciembre del primer año. El gestor recomienda las siguientes contabilizaciones para estas transacciones:

					PATRIMONIO		
Día	ACTIVOS	=	PASIVOS	+	CAPITAL	+	UTILIDAD
3	Efectivo: +$20.000				Capital: +$20.000		
3	Efectivo: -$36.870		Dividendos por pagar: -$36.870				
3	Efectivo: -$400		SSBB por pagar: -$400				

El contador destaca que, si bien la forma de registrar los movimientos de las sociedades con la ecuación contable es simple e intuitiva, no es el procedimiento correcto para el registro de las transacciones en la contabilidad de las empresas. En lugar de ello, el procedimiento formal requiere el uso de asientos contables que emplean los términos contables del "debe" y "haber". Ante la confusión del gestor y el inversor acerca de estos conceptos contables, el contador aclara que cada transacción que ocurre en una empresa se realiza mediante un asiento contable. Por esta razón, las transacciones previamente mencionadas se registran formalmente de la siguiente manera:

#	Fecha	Cuentas	Debe	Haber
1	3/Ene/Año 2	Efectivo	$20.000	
		Capital		$20.000
	Glosa: Aportes de capital en efectivo.			
2	3/Ene/Año 2	Dividendos por pagar	$36.870	
		Efectivo		$36.870
	Glosa: Pago de dividendos declarados en el año 1.			
3	3/Ene/Año 2	SSBB por pagar	$400	
		Efectivo		$400
	Glosa: Pago de servicios básicos devengados en el año anterior.			

Tras revisar los registros contables anteriores, el gestor detecta algunas discrepancias en comparación con el uso de la ecuación contable. A pesar de que se usan las mismas cuentas, no se detalla claramente si hay un incremento o disminución en el activo, pasivo o patrimonio. El contador responde que el uso del "debe" y "haber" proporciona claridad respecto de los cambios en cada cuenta. Dependiendo de si la cuenta es de activo, pasivo, patrimonio, ingreso o gasto, y si la transacción incrementa o disminuye su saldo, se registra en el "debe" o "haber". Así, cuando un activo aumenta, se registra en el "debe", y, cuando disminuye, se contabiliza en el "haber". En cambio, los aumentos de las cuentas de pasivos y patrimonio se registran en el "haber", mientras que sus disminuciones se registran en el "debe".

El gestor y el inversor expresan su inquietud, y, en respuesta, el contador realiza un análisis detallado de las transacciones para ilustrar los movimientos contables:

- Al contabilizar el aporte de capital, la cuenta "capital" se registra en el "haber" porque el patrimonio se incrementa. Al mismo tiempo, el "efectivo", un activo, se anota en el "debe" por su aumento.
- En las transacciones subsecuentes, donde los pasivos se reducen, se registran en el "debe", mientras que el activo "efectivo" disminuye y, por tanto, se registra en el "haber".
- Para mantener la ecuación contable equilibrada, el total registrado en el "debe" tiene que coincidir con el total contabilizado en el "haber", considerando que los movimientos en los activos se comportan de manera opuesta a los de los pasivos y el patrimonio.

- No se usan montos negativos en los asientos contables; en su lugar, el "debe" y "haber", junto con la naturaleza de la cuenta (activo, pasivo, patrimonio, ingreso o gasto), indican si se trata de un incremento o una disminución.
- Cada asiento incluye una breve descripción de la transacción que se está registrando, conocida como "glosa".

Después de la explicación del contador, el gestor y el inversor coinciden en que el uso del "debe" y "haber" es confuso. En consecuencia, el contador dibuja la siguiente figura en una hoja de cuaderno esperando que ayude a sus amigos a entender el lenguaje contable:

Activos		=	Pasivos + Patrimonio	
Aumenta	Disminuye		Disminuye	Aumenta
Debe	Haber		Debe	Haber

El contador explica que siempre los movimientos en el "debe" y "haber" se aplican de la misma manera, como se muestra en la figura. Por un lado, las cuentas de activos suben al "debe" y disminuyen al "haber". Por otro lado, las cuentas de pasivos y patrimonio aumentan al "haber" y caen al "debe". En cuanto a las cuentas de resultados, los gastos disminuyen el patrimonio, mientras que los ingresos aumentan el patrimonio. Por tanto, los gastos aumentan al "debe" y los ingresos aumentan al "haber". Por su parte, el administrador comenta que, aunque este procedimiento puede ser más complejo para aquellos que no están familiarizados con el lenguaje contable, proporciona un orden en el registro de las transacciones. El inversor agrega que el proceso se clarificará a medida que se registren más transacciones, ya que se sigue un procedimiento estándar. El gestor, por su lado, enfatiza la importancia de entender cabalmente los movimientos de la ecuación contable para aplicar correctamente el "debe" y "haber".

En el día cuatro del segundo año, el administrador compra un local en La Serena pagando $5.000. El local estará operativo al inicio de la tercera semana del presente año y se va a depreciar en 20 años, siendo su valor residual de $840. Por tanto, la depreciación es por un monto de $4 semanales (($5.000 – $840) / (20 años * 52 semanas)) desde que se comienza a utilizar. El administrador explica que esta transacción se registra con $5.000 tanto en el "debe" como en el "haber", reflejando el incremento de un activo ("local") y la disminución de otro activo ("efectivo"). Por tanto, el asiento contable para la compra del local se debe contabilizar como sigue:

#	Fecha	Cuentas	Debe	Haber
4	4/Ene/Año 2	Local	$5.000	
		Efectivo		$5.000
	Glosa: Compra de propiedades, plantas y equipos al contado.			

El contador confirma que el asiento es correcto, indicando que se contabilizó un "cargo" en el activo "local" y un "abono" en el activo "efectivo".

Ante las caras de confusión del gestor e inversor, el contador aclara que la acción "cargar" implica anotar un movimiento en el "debe", mientras que la acción "abonar" significa un movimiento en el "haber", que son términos esenciales en el lenguaje contable. El contador incorpora en la figura presentada anteriormente estos términos contables y se los presenta a sus amigos:

Activos		=	**Pasivos + Patrimonio**	
Aumenta	Disminuye		Disminuye	Aumenta
Debe Cargar	Haber Abonar		Debe Cargar	Haber Abonar

Luego, el contador indica que con el apoyo de esta figura, ustedes pueden emplear los términos contables "debe" – "cargar" y "haber" – "abonar" como sinónimos en el registro de transacciones futuras. Así, él sugiere que guarden esta hoja de cuaderno para que la utilicen como referencia ante dudas acerca del registro de una cuenta en el "debe" y "haber".

El día cinco, PINO compra a crédito 120 cuadernos a Aromo Ltda. a un costo de $50 cada uno, es decir, por un costo total de $6.000. Esta adquisición aumenta el inventario disponible para la venta a 182 cuadernos, manteniendo un costo unitario de $50, considerando que al inicio del año había 62 cuadernos en *stock* (62 u. x $50 = $3.100) como aparece en el Estado de Situación Financiera al 31 de diciembre del primer año. La compra utiliza casi el total de los $25.000 de línea de crédito con el proveedor Aromo Ltda., dejando un saldo disponible de $800 ($25.000 – $18.200 – $6.000), porque el saldo inicial del pasivo "cuentas por pagar" era de $18.200 (saldo al 31 de diciembre del primer año).

Frente a esta transacción, el contador desafía al gestor y al inversor a explicar el hecho económico utilizando el lenguaje contable. El inversor señala que el pasivo "cuentas por pagar" aumenta, reflejándose en el "haber" por $6.000 (120 u. x $50), mientras que el incremento en el activo "inventario" se anota en el "debe" por el mismo monto. Alternativamente, el gestor indica que se "carga" la cuenta de activo "inventario" porque los $6.000 se anotan al "debe" y se "abona" el pasivo "cuentas por pagar", debido a que anota el mismo monto en el "haber". El contador valida lo indicado por ambos accionistas y formaliza el registro contable para la compra de cuadernos mediante el siguiente asiento:

#	Fecha	Cuentas	Debe	Haber
5	5/Ene/Año 2	Inventario	$6.000	
		Cuentas por pagar		$6.000
	Glosa: Compras de cuadernos a crédito.			

El día siete, se contabilizan las ventas, que incluyen 150 cuadernos a $200 cada uno. Con el 50 % de las ventas realizadas a crédito y el resto al contado, el gestor propone registrar en el "debe" el incremento de los activos "cuentas por cobrar" y "efectivo" por $15.000 cada uno (150 u. x $200 x 50 %), correspondientes a las ventas a crédito y al contado, respectivamente. El inversor señala que la disminución en el activo "inventario" se contabiliza en el "haber" por $7.500 (150 u. x $50). El contador aprueba la precisión de estos registros y pregunta cómo se contabilizan el "ingreso por venta" y "costo de venta".

El gestor responde que los ingresos incrementan el patrimonio y, por tanto, el "ingreso por venta" se tiene que anotar en el "haber", es decir, se "abona". El "costo de venta", siendo un gasto que reduce el patrimonio, se contabiliza en el "debe", por esta razón se "carga". Impresionado con la comprensión del gestor respecto de la contabilidad, el contador elogia su análisis. Así, el registro contable de las ventas semanales de PINO queda de la siguiente manera:

#	Fecha	Cuentas	Debe	Haber
6	7/Ene/Año 2	Cuentas por cobrar	$15.000	
		Efectivo	$15.000	
		Ingreso por venta		$30.000
		Costo de venta	$7.500	
		Inventario		$7.500
	Glosa: Ventas de cuadernos a crédito y al contado.			

El inversor comprueba que la suma de lo anotado en el "debe" y "haber" es de $37.500, confirmando el equilibrio de la ecuación contable. El contador, a su vez, señala que los seis asientos contabilizados en esta semana son parte del libro diario, documento donde se registran todas las transacciones ocurridas en una empresa.

SEMANA 2

En el día ocho se compran 300 cuadernos a Aromo Ltda. a un costo de $50 cada uno, por $15.000, para abastecer el local de La Serena. Esta compra se financia utilizando $800 del crédito disponible y el resto se paga al contado. El contador registra esta transacción con el siguiente asiento contable:

#	Fecha	Cuentas	Debe	Haber
7	8/Ene/Año 2	Inventario	$15.000	
		Cuentas por pagar		$800
		Efectivo		$14.200
	Glosa: Compra de cuadernos a crédito y al contado.			

El gestor realiza una interpretación de este último asiento, explicando que el registro de $15.000 en el "debe" corresponde a un aumento en el activo "inventario", mientras que el "haber" refleja un incremento en el pasivo "cuentas por pagar" por $800 y una disminución de $14.200 en el activo "efectivo". El contador elogia la claridad del análisis del gestor.

Ese mismo día ocho se alquila un vehículo por $2.000 para transportar los cuadernos desde Santiago a La Serena, cuyo viaje se paga y se realiza en ese día. El administrador registra esta transacción anotando un "cargo" de $2.000 en la cuenta "gasto de arriendo", reduciendo el patrimonio, y un "abono" por el mismo monto en el activo "efectivo", reflejando la disminución de este. El contador, satisfecho, valida el registro y aplaude el correcto uso del lenguaje contable en el asiento:

#	Fecha	Cuentas	Debe	Haber
8	8/Ene/Año 2	Gasto de arriendo	$2.000	
		Efectivo		$2.000
	Glosa: Devengo y pago del arriendo de un vehículo.			

Más adelante en la semana, específicamente el día once, se concreta la entrega de cuadernos reservados y pagados previamente por los clientes. Al inicio del año, el pasivo "ingresos recibidos por anticipado" (IRPA) presentaba un saldo de $10.500, correspondiente a la reserva anticipada de 70 cuadernos a $150 cada uno. El inversor, tomando la iniciativa, señala que el pasivo "IRPA" debe disminuir, registrando $10.500 en el "debe" y contrarrestándolo con el "ingreso por venta" de igual monto en el "haber", debido a que los cuadernos son entregados a los clientes. Además, propone la necesidad de reducir el activo "inventario" en $3.500 (70 u. x $50), registrándolo en el "haber", e incrementar el "costo de venta" en el "debe" por el mismo monto, lo que refleja que el gasto provoca una disminución en el patrimonio. El contador, satisfecho con el análisis, procede a formalizar el asiento contable:

#	Fecha	Cuentas	Debe	Haber
9	11/Ene/Año 2	IRPA	$10.500	
		Ingreso por venta		$10.500
		Costo de venta	$3.500	
		Inventario		$3.500
	Glosa: Entrega de cuadernos a clientes que habían sido pagados por anticipado.			

El día doce, con el objetivo de promocionar la próxima apertura del nuevo local en La Serena, el administrador decide contratar y pagar por adelantado tres anuncios publicitarios en una emisora local. El costo total de esta campaña publicitaria es de $1.500, y se planea emitir los anuncios durante las tardes del primer día de las próximas tres semanas. Ante esta transacción, el gestor consulta al contador acerca de si lo adecuado es registrarla como un gasto pagado por anticipado. El contador confirma lo dicho por su amigo, registrando un aumento en el activo "publicidad pagada por anticipado" (PPPA) de $1.500 en el "debe", y una disminución en el activo "efectivo" por el mismo monto en el "haber". El asiento se estructura de la siguiente manera:

#	Fecha	Cuentas	Debe	Haber
10	12/Ene/Año 2	PPPA	$1.500	
		Efectivo		$1.500
	Glosa: Pago por adelantado de publicidad.			

Además, el mismo día doce, se realiza el cobro del total del saldo de cuentas por cobrar que se muestra en el Estado de Situación Financiera al final del primer año, que corresponde a un monto de $16.000. El contador registra esta transacción en el siguiente asiento contable:

#	Fecha	Cuentas	Debe	Haber
11	12/Ene/Año 2	Efectivo	$16.000	
		Cuentas por cobrar		$16.000
	Glosa: Cobro de cuentas por cobrar.			

El contador comunica esta última contabilización a los demás amigos por correo electrónico, adjuntando una nota explicativa: "Se realiza un 'cargo' en el activo 'efectivo' debido a la entrada de dinero, y se efectúa un 'abono' en el activo 'cuentas por cobrar' por la disminución de la cuenta".

El día catorce se realiza un pago de $5.000 para reducir o amortizar 25 % de la deuda con el Banco Santander, cuyo saldo en la cuenta de pasivo "préstamos por pagar" es de $20.000 al inicio del año. Adicionalmente, se pagan los intereses devengados correspondientes a las ocho semanas que han transcurrido desde la obtención del préstamo. El contador refleja estas transacciones en PINO con los siguientes asientos:

#	Fecha	Cuentas	Debe	Haber
12	14/Ene/Año 2	Préstamos por pagar	$5.000	
		Efectivo		$5.000
	Glosa: Pago parcial del principal del préstamo con el Banco Santander.			
13	14/Ene/Año 2	Gasto financiero	$400	
		Intereses por pagar	$1.200	
		Efectivo		$1.600
	Glosa: Devengo y pago de intereses asociados con el préstamo del Banco Santander.			

El contador explica que el "abono" en la cuenta "efectivo" por $6.600 evidencia el desembolso de dinero realizado. La reducción de la deuda se refleja con un "cargo" en la cuenta de pasivo "préstamos por pagar", y el "cargo" en el pasivo "intereses por pagar" corresponde al pago de los intereses devengados en el período anterior (ver el Estado de Situación Financiera al inicio del año). Además, se registra un "cargo" en "gasto financiero" por $400 ($20.000 x 1 % x 2 meses), correspondiente a los intereses de las dos primeras semanas del segundo año.

El inversor observa que la suma de los "cargos" es equivalente a la suma de los "abonos", totalizando $6.600. El gestor, inicialmente confundido, recibe una aclaración adicional del contador mediante la figura proporcionada anteriormente, quien reitera que los "cargos" representan los registros en el "debe" y los "abonos" en el "haber". En los asientos la suma del "debe" coincide con la suma del "haber" para garantizar el equilibrio de la ecuación contable. Por esta razón, el total de los "abonos" tiene que ser igual al total de los "cargos". Con esta explicación, el gestor expresa su comprensión de esa igualdad en los registros contables.

SEMANA 3

El día esperado llega y a las 10 am del día 15 se inaugura en La Serena el nuevo local. Para su operación se contrata a un vendedor con un sueldo semanal de $700, que será pagado el último día de cada mes. Ante estos hechos económicos, el contador explica que, por el momento, no se realizan registros contables, porque el nuevo local ya fue contabilizado en PINO y el vendedor aún no ha comenzado a prestar sus servicios.

Al finalizar el día quince, no se registran ventas en el nuevo local. A pesar de ello, el administrador se mantiene optimista, esperando que la publicidad emitida por la emisora radial ayude a promocionar el establecimiento. Después de la emisión del primer anuncio, el administrador solicita al contador registrar el gasto correspondiente. El registro implica un "cargo" de $500 en la cuenta "gasto de publicidad" y un "abono" del mismo monto en el activo "PPPA". Como resultado, el saldo del activo "PPPA" se reduce a $1.000, representando los dos anuncios pendientes de emisión. El asiento contable es:

#	Fecha	Cuentas	Debe	Haber
14	15/Ene/Año 2	Gasto de publicidad	$500	
		PPPA		$500
	Glosa: Reconocimiento del consumo de un aviso de publicidad pagada por adelantado.			

El día diecisiete se realiza un pago de $10.000 a Aromo Ltda. Este pago se registra con un "cargo" en el pasivo "cuentas por pagar" por $10.000 y un "abono" en el activo "efectivo" por el mismo monto, quedando un saldo en la línea de crédito con dicho proveedor de $10.000. El asiento contable se registra de la siguiente forma:

#	Fecha	Cuentas	Debe	Haber
15	17/Ene/Año 2	Cuentas por pagar	$10.000	
		Efectivo		$10.000
	Glosa: Pago de cuentas por pagar a Aromo Ltda.			

El día dieciocho, los amigos accionistas acuerdan repartir $2.000 en dividendos, que se pagarán la siguiente semana. Reflexionando acerca de esta transacción, el inversor comenta que esto requiere un "cargo" en la cuenta "resultados acumulados" y un "abono" en el pasivo "dividendos por pagar", añadiendo que tal movimiento no influye en la utilidad del presente periodo, ya que no constituye un gasto porque los dividendos no van en el Estado de Resultados. El contador confirma la exactitud de esta observación y procede a documentar la transacción mediante el siguiente asiento:

#	Fecha	Cuentas	Debe	Haber
16	18/Ene/Año 2	Resultados acumulados	$2.000	
		Dividendos por pagar		$2.000
	Glosa: Dividendos declarados.			

Al concluir la semana, el día veintiuno, las ventas ascienden a 200 cuadernos que tienen un costo de $50 cada uno, de estos, 50 unidades fueron vendidas en el local de La Serena. Cada cuaderno se vende en $200, y la modalidad de pago se divide en 50 % a crédito y el resto al contado. Así, el total de la venta es de $40.000 y el costo total del inventario vendido es de $10.000 (200 u. x $50). El contador registra el siguiente asiento en la contabilidad de PINO:

#	Fecha	Cuentas	Debe	Haber
17	21/Ene/Año 2	Cuentas por cobrar	$20.000	
		Efectivo	$20.000	
		Ingreso por venta		$40.000
		Costo de venta	$10.000	
		Inventario		$10.000
	Glosa: Ventas de cuadernos a crédito y al contado.			

El contador debe presentar los estados financieros a los accionistas de PINO al día siguiente, conforme con lo acordado en la reunión de inicio de año. Por consiguiente, se quedará trabajando horas extras para preparar estos informes contables. Mientras tanto, el inversor, interesado en profundizar sus conocimientos en contabilidad, decide quedarse a colaborar.

El contador recuerda al inversor algunas cifras de los registros contables pasados de PINO. El sueldo de las dos personas de Santiago es de $1.400 semanal y la persona de La Serena tiene un sueldo de $700 por semana. El arriendo del local de Quilicura es de $1.200 semanal, quedando al cierre del primer año tres meses de arriendos prepagados. La depreciación es de $10 por semana para el local y la bodega de Santiago y de $4 semanales para el local de La Serena, el que empezó a funcionar la tercera semana. El préstamo del Banco Santander aparece por $20.000 en el Estado de Situación al cierre del primer año y se amortizaron $5.000 el 14 de enero del segundo año, siendo la tasa de interés simple del 1 % semanal. El próximo pago de intereses es al final de la décima semana del segundo año. Además, la facturación de los servicios básicos son de $150 semanales por local en Santiago y $300 por el local de La Serena.

Después del recordatorio de cifras, el contador procede a registrar las transacciones y ajustes contables al cierre de la tercera semana del segundo año de operaciones de PINO, el día veintiuno, las que comparte con el inversor:

#	Fecha	Cuentas	Debe	Haber
18	21/Ene/Año 2	Gasto de sueldos	$4.900	
		Sueldos por pagar		$4.900
	Glosa: Devengo de los sueldos de las tres primeras semana del año.			
19	21/Ene/Año 2	Gasto de arriendo	$3.600	
		APPA		$3.600
	Glosa: Devengo del arriendo del local de Quilicura que se había pagado por anticipado.			
20	21/Ene/Año 2	Gasto de SSBB	$1.200	
		SSBB por pagar		$1.200
	Glosa: Consumo de servicios básicos en las tres primeras semanas del año.			

#	Fecha	Cuentas	Debe	Haber
21	21/Ene/Año 2	Gasto de depreciación	$34	
		Depreciación acumulada		$34
	Glosa: Reconocimiento de la depreciación de las tres primeras semanas del año.			
22	21/Ene/Año 2	Gasto financiero	$150	
		Intereses por pagar		$150
	Glosa: Intereses devengados del préstamo con el Banco Santander.			

El inversor, aplicando sus conocimientos contables, analiza cada transacción:

- Se reconocen los sueldos correspondientes a las primeras tres semanas del año para los vendedores de Santiago, sumando $4.200 ($700 x 2 vendedores x 3 semanas), más el sueldo de una semana del vendedor de La Serena, siendo $700. Este ajuste implica "cargar" un gasto y "abonar" un pasivo, ya que los sueldos se pagarán al final del mes.
- Respecto del activo "arriendos pagados por anticipado" (APPA), este tiene un saldo inicial de $3.600, representando el pago por anticipado de tres semanas de arriendo del segundo local de Santiago. Por tanto, al llegar el día veintiuno del segundo año, se reconoce el gasto en arrendamiento correspondiente a este periodo (tres semanas). Esto conlleva registrar un "cargo" en la cuenta "gasto de arriendo" y un "abono" en el activo "APPA", quedando este último con un saldo de $0.
- Durante las tres semanas del segundo año, se consumen servicios básicos (SSBB) por $1.200, aún pendientes de pago. De este monto, $900 corresponden a tres semanas de Santiago ($150 x 3 semanas x 2 locales) y $300 reflejan los servicios básicos que se utilizaron en la primera semana en el local de La Serena. Por tanto, se "abonan" $1.200 en la cuenta de pasivo "SSBB por pagar" para reconocer la deuda, y simultáneamente se registra un "cargo" por el mismo importe en la cuenta de "gasto de SSBB", reflejando así el consumo de los servicios durante el periodo mencionado.
- La bodega y el local en Santiago, así como el local en La Serena, experimentan un desgaste correspondiente a tres semanas para los primeros y una semana para el último, acumulando $34 ($10 x 3 semanas + $4). En consecuencia, se registra este monto como un "cargo" en la cuenta "gasto de depreciación" y un "abono" en la cuenta "depreciación acumulada". Con el incremento de la "depreciación acumulada", el valor del activo "PPE" se reduce y, por ello, se registra en el "haber".
- Finalmente, se devengan los intereses del préstamo con el Banco Santander correspondientes a la última semana, ya que los intereses de las dos primeras semanas ya se reconocieron el 14 de enero (asiento # 13). Se realiza un "cargo" en "gasto financiero" y un "abono" en el pasivo "intereses por pagar", ya que los intereses se pagarán en siete semanas más. El monto de $150 ($15.000 x 1 % x 1 semana) se calcula considerando que el saldo adeudado es de $15.000 tras un pago de $5.000 realizado al finalizar la segunda semana (asiento # 12).

El contador aprueba al análisis realizado por su amigo. Tras esto, el inversor sugiere calcular los saldos de cada cuenta para preparar el Estado de Situación Financiera y Estado de Resultados. Busca su calculadora para sumar y restar los montos registrados en los asientos contables y enfatiza en la necesidad de recopilar información acerca de los movimientos de efectivo para elaborar el Estado de Flujos de Efectivo.

Libro mayor

Tras la exposición del inversor, el contador interviene para aclarar que formalmente el saldo de una cuenta se obtiene mediante su "mayor" o "cuenta T", y que el conjunto de estos forma parte del libro mayor. Esta explicación confunde al inversor, quien no comprende lo explicado por el contador.

El contador explica que en un "mayor" se registran los movimientos de cada cuenta ("cargos" y "abonos"), los que provienen del libro diario. Posteriormente se calculan la sumatoria de débitos y sumatoria de créditos para finalmente determinar el saldo de la cuenta.

Con el fin de ofrecer una explicación más didáctica, el contador presenta como ejemplo los "mayores" de dos cuentas: el activo "inventario" y el pasivo "cuentas por pagar", mostrándolos de la siguiente manera:

	Inventario		
	Debe	**Haber**	
SI	**$3.100**		
(5)	$6.000	$7.500	(6)
(7)	$15.000	$3.500	(9)
		$10.000	(17)
	$24.100	**$21.000**	
SD - SF	**$3.100**		

	Cuentas por pagar		
	Debe	**Haber**	
		$18.200	**SI**
(15)	$10.000	$6.000	(5)
		$800	(7)
	$10.000	**$25.000**	
		$15.000	**SF - SA**

El contador señala la similitud entre los "mayores" y asientos, destacando que cada "mayor" se compone de dos columnas: "debe" y "haber". A diferencia de los asientos contables, que registran los movimientos de dos o más cuentas en una sola transacción, los "mayores" reflejan únicamente los movimientos específicos de cada cuenta individual. El proceso de elaboración de un "mayor" es estructurado, como se detalla a continuación:

- Primero, se anota el saldo inicial (SI). Este saldo, para las cuentas "inventario" y "cuentas por pagar", equivalen a su saldo que se muestra en el Estado de Situación Financiera al cierre del primer año.
- Segundo, se traspasan los "cargos" y "abonos" de los asientos contables a los "mayores" correspondientes. En el caso de las cuentas "inventario" y "cuentas por pagar", sus "cargos" y "abonos" se obtienen de los siguientes asientos:

#	Fecha	Cuentas		Debe	Haber
5	5/Ene/Año 2	Inventario		$6.000	
			Cuentas por pagar		$6.000
	Glosa: Compras de cuadernos a crédito.				
6	7/Ene/Año 2	Cuentas por cobrar		$15.000	
		Efectivo		$15.000	
			Ingreso por venta		$30.000
		Costo de venta		$7.500	
			Inventario		$7.500
	Glosa: Ventas de cuadernos a crédito y al contado.				
7	8/Ene/Año 2	Inventario		$15.000	
			Cuentas por pagar		$800
			Efectivo		$14.200
	Glosa: Compras de cuadernos a crédito y al contado.				
9	11/Ene/Año 2	IRPA		$10.500	
			Ingreso por venta		$10.500
		Costo de venta		$3.500	
			Inventario		$3.500
	Glosa: Entrega de cuadernos a clientes que habían sido pagados por anticipado.				
15	17/Ene/Año 2	Cuentas por pagar		$10.000	
			Efectivo		$10.000
	Glosa: Pago de cuentas por pagar a Aromo Ltda.				
17	21/Ene/Año 2	Cuentas por cobrar		$20.000	
		Efectivo		$20.000	
			Ingreso por venta		$40.000
		Costo de venta		$10.000	
			Inventario		$10.000
	Glosa: Ventas de cuadernos a crédito y al contado.				

- Tercero, se suman los montos registrados en las columnas del "debe" (sumatoria de débitos) y "haber" (sumatoria de créditos), incluyendo el saldo inicial según corresponda. La cuenta de activo "inventario" tiene una sumatoria de débitos de $24.100 y una sumatoria de créditos de $21.000. En cambio, la cuenta de pasivo "cuentas por pagar" tiene una sumatoria de débitos y sumatoria de créditos de $10.000 y $25.000, respectivamente.
- Finalmente, se determina el saldo final (SF) de la cuenta, que puede ser un saldo deudor (SD) o saldo acreedor (SA), según la magnitud de la sumatoria de débitos y sumatoria de créditos. En la cuenta "inventario" la sumatoria de débitos por $24.100 excede a la sumatoria de créditos de $21.000, resultando en un saldo deudor de $3.100. En cambio, en el pasivo "cuentas por pagar" la sumatoria de créditos por $25.000 supera a la sumatoria de débitos de $10.000, lo que implica un saldo acreedor de $15.000.

El inversor entiende que la elaboración de los "mayores" involucra transferir datos del libro diario, calcular totales y determinar el saldo final de las cuentas. Con estos nuevos conocimientos adquiridos se siente preparado para completar los "mayores" de las cuentas restantes, empezando con las cuentas de activos y procediendo a detallar cada uno de estos como sigue:

Efectivo

	Debe	Haber	
SI	**$95.400**		
(1)	$20.000	$36.870	(2)
(6)	$15.000	$400	(3)
(11)	$16.000	$5.000	(4)
(17)	$20.000	$14.200	(7)
		$2.000	(8)
		$1.500	(10)
		$5.000	(12)
		$1.600	(13)
		$10.000	(15)
	$166.400	**$76.570**	
SD – SF	**$89.830**		

Cuentas por cobrar

	Debe	Haber	
SI	**$16.000**		
(6)	$15.000	$16.000	(11)
(17)	$20.000		
	$51.000	**$16.000**	
SD – SF	**$35.000**		

PPPA

	Debe	Haber	
SI	**$0**		
(10)	$1.500	$500	(14)
	$1.500	**$500**	
SD – SF	**$1.000**		

APPA

	Debe	Haber	
SI	**$3.600**		
		$3.600	(19)
	$3.600	**$3.600**	
SD – SF	**$0**		

Local

	Debe	Haber
SI	**$7.000**	
(4)	$5.000	
	$12.000	**$0**
SD – SF	**$12.000**	

	Bodega		
	Debe	**Haber**	
SI	**$11.000**		
	$11.000	**$0**	
SD - SF	**$11.000**		

Depreciación acumulada		
Debe	**Haber**	
	$60	**SI**
	$34	(21)
$0	**$94**	
	$94	**SF - SA**

El contador está de acuerdo con los "mayores" de las cuentas de activos y señala que estos presentan un saldo deudor, debido a que la sumatoria de débitos es mayor o igual a la sumatoria de créditos. Sin embargo, indica que existe una excepción: la cuenta complementaria de activo "depreciación acumulada", que se utiliza para reducir el valor de las propiedades, plantas y equipos, y, por tanto, tiene un saldo acreedor. Una vez completados los "mayores" de activos, el inversor elabora los "mayores" de las cuentas de pasivos y patrimonio, presentando el siguiente detalle:

	Intereses por pagar		
	Debe	**Haber**	
		$1.200	**SI**
(13)	$1.200	$150	(22)
	$1.200	**$1.350**	
		$150	**SF - SA**

	SSBB por pagar		
	Debe	**Haber**	
		$400	**SI**
(3)	$400	$1.200	(20)
	$400	**$1.600**	
		$1.200	**SF - SA**

Sueldos por pagar		
Debe	**Haber**	
	$0	**SI**
	$4.900	(18)
$0	**$4.900**	
	$4.900	**SF - SA**

	IRPA		
	Debe	**Haber**	
		$10.500	**SI**
(9)	$10.500		
	$10.500	**$10.500**	
		$0	**SF - SA**

Dividendos por pagar

	Debe	Haber	
		$36.870	**SI**
(2)	$36.870	$2.000	(16)
	$36.870	**$38.870**	
		$2.000	**SF - SA**

Préstamos por pagar

	Debe	Haber	
		$20.000	**SI**
(12)	$5.000		
	$5.000	**$20.000**	
		$15.000	**SF - SA**

Capital

	Debe	Haber	
		$12.000	**SI**
		$20.000	(1)
	$0	**$32.000**	
		$32.000	**SF - SA**

Resultados acumulados

	Debe	Haber	
		$36.870	**SI**
(16)	$2.000		
	$2.000	**$36.870**	
		$34.870	**SF - SA**

El contador confirma la exactitud de los "mayores" asociados con los pasivos y el patrimonio, y pide al inversor destacar la principal diferencia respecto de los "mayores" de las cuentas de activos. El inversor explica que, a diferencia de los activos, las cuentas de pasivos y patrimonio muestran un saldo acreedor. Esto se debe a que los incrementos en los pasivos y el patrimonio se registran en el "haber", mientras que las disminuciones se contabilizan en el "debe", resultando en una sumatoria de créditos mayor o igual que la sumatoria de débitos. El contador añade que los "resultados acumulados" pueden tener un saldo deudor cuando la empresa registra pérdidas acumuladas, es decir, pérdidas que no han sido absorbidas por las utilidades. Con estas aclaraciones, el inversor procede a elaborar los "mayores" de las cuentas de ingresos y gastos, presentándolos a continuación:

Ingreso por venta

Debe	Haber	
	$0	**SI**
	$30.000	(6)
	$10.500	(9)
	$40.000	(17)
$0	**$80.500**	
	$80.500	**SF - SA**

Costo de venta

	Debe	Haber
SI	**$0**	
(6)	$7.500	
(9)	$3.500	
(17)	$10.000	
	$21.000	**$0**
SD - SF	**$21.000**	

Gasto de arriendo

	Debe	Haber
SI	$0	
(8)	$2.000	
(19)	$3.600	
	$5.600	**$0**
SD - SF	**$5.600**	

Gasto financiero

	Debe	Haber
SI	$0	
(13)	$400	
(22)	$150	
	$550	**$0**
SD - SF	**$550**	

Gasto de SSBB

	Debe	Haber
SI	$0	
(20)	$1.200	
	$1.200	**$0**
SD - SF	**$1.200**	

Gasto de publicidad

	Debe	Haber
SI	$0	
(14)	$500	
	$500	**$0**
SD - SF	**$500**	

Gasto de depreciación

	Debe	Haber
SI	$0	
(21)	$34	
	$34	**$0**
SD - SF	**$34**	

Gasto de sueldos

	Debe	Haber
SI	$0	
(18)	$4.900	
	$4.900	**$0**
SD - SF	**$4.900**	

El contador felicita al inversor por su excelente trabajo, explicando que las cuentas de gastos presentan un saldo deudor y las de ingresos un saldo acreedor. Esta diferenciación se debe a que los gastos disminuyen el patrimonio, mientras que los ingresos lo incrementan. Además, resalta que este tipo de cuentas no poseen un saldo inicial, por lo que su saldo final se determina únicamente a partir de los "cargos" y "abonos" realizados durante el periodo.

Estados financieros

El inversor señala al contador que, con los saldos de las cuentas ya disponibles, es posible preparar los estados financieros de PINO para el presente periodo. El contador, a su vez, informa a su amigo que ya había adelantado trabajo, habiendo preparado el Estado de Resultados para determinar el desempeño financiero de las últimas tres semanas de PINO, utilizando los saldos de las cuentas de gastos e ingresos. Este estado financiero se presenta de la siguiente manera:

Estado de Resultados – PINO S.A. Desde el día 1 hasta el día 21 del año 2	
Ingreso por venta	$80.500
Costo de venta	($21.000)
Ganancia bruta	**$59.500**
Gasto de sueldos	($4.900)
Gasto de servicios básicos	($1.200)
Gasto de publicidad	($500)
Gasto de depreciación	($34)
Gasto de arriendo	($5.600)
Resultado operacional (EBIT)	**$47.266**
Gasto financiero	($550)
Utilidad del ejercicio	**$46.716**

Después de examinar el Estado de Resultados, el inversor confía en que los resultados cumplirán con las expectativas de los otros dos accionistas, el administrador y el gestor. La razón de contribución es de 73,9 % (Ganancia Bruta / Ingreso por Venta = $59.500 / $80.500). También se destaca que el resultado operacional (EBIT por sus siglas en inglés) es de $47.266, lo que arroja un margen operacional del 58,7 % (EBIT / Ingreso por Venta = $47.266 / $80.500). Al descontar el gasto financiero, la utilidad del ejercicio asciende a $46.716, equivalente a un margen neto del 58,0 % (Utilidad del Ejercicio / Ingreso por Venta = $46.716 / $80.500). En conclusión, la operación de PINO en estas tres semanas del segundo año es rentable, manteniendo la tendencia del año anterior. No obstante, el contador añade que los tres márgenes son ligeramente inferiores a los del año anterior atribuyendo esto principalmente al hecho de que la sucursal ubicada en La Serena lleva solamente una semana de funcionamiento.

El contador señala que el EBIT del local de La Serena es de $3.996. Este monto se obtiene de una ganancia bruta de $7.500, derivada de la venta de $10.000 (50 u. x $200), menos el costo de lo vendido de $2.500 (50 u. x $50). De esta ganancia bruta, se restan los gastos de administración y ventas (GAV) asociados al local regional, que incluyen el sueldo del vendedor por $700, los servicios básicos por $300, la publicidad de $500, la depreciación del local por $4 y el arriendo de un vehículo por $2.000. Por tanto, el margen operacional de la sucursal de La Serena resulta ser del 39,9 % (EBIT / Ingreso por Venta = $3.996 / $10.000).

Utilizando los saldos de las cuentas de activos, pasivos y patrimonio, el contador e inversor preparan conjuntamente el Estado de Situación Financiera de PINO al día veintiuno, cuyo informe financiero queda estructurado como se presenta a continuación:

Estado de Situación Financiera – PINO S.A. Al día 21 del año 2			
ACTIVOS		**PASIVOS**	
Activo corriente		**Pasivo corriente**	
Efectivo	$89.830	Intereses por pagar	$150
Inventario	$3.100	Cuentas por pagar	$15.000
Cuentas por cobrar	$35.000	Servicios básicos por pagar	$1.200
Publicidad pagada por anticipado	$1.000	Sueldos por pagar	$4.900
Arriendos pagados por anticipado	$0	Ingresos recibidos por anticipado	$0
Total activo corriente	**$128.930**	Dividendos por pagar	$2.000
		Total pasivo corriente	**$23.250**
Activo no corriente			
Locales	$12.000	**Pasivo no corriente**	
Bodega	$11.000	Préstamos por pagar	$15.000
Depreciación acumulada	($94)	**Total pasivo no corriente**	**$15.000**
Total activo no corriente	**$22.906**		
		Total pasivos	**$38.250**
		PATRIMONIO	
		Capital	$32.000
		Resultados acumulados	$81.586
		Total patrimonio	**$113.586**
Total activos	**$151.836**	**Total pasivos y patrimonio**	**$151.836**

El inversor reporta que el total de activos es de $151.836, de estos, el 84,9 % corresponde a activos corrientes. Entre estos activos de corto plazo, los más significativos son el "efectivo" (59,2 % del activo total) y, en menor medida, las "cuentas por cobrar" (23,1 % del activo total). Adicionalmente, se cuenta con un *stock* de 62 cuadernos en inventario, valorados en $3.100, lo que equivale a un costo unitario de $50 ($3.100 / 62 u.). También se ha realizado un pago por anticipado por dos anuncios publicitarios en una emisora radial de La Serena, programados para emitirse las tardes de los lunes de las próximas dos semanas. Por su parte, los activos no corrientes se componen únicamente de propiedades, plantas y equipos.

Respecto de los pasivos, el contador especifica que el financiamiento de los activos proviene en el 25,2 % de terceros y 74,8 % aportado por los propios dueños. En particular, las cuentas de pasivos de corto plazo más importantes son las "cuentas por pagar" y los "sueldos por pagar", que representan 39,2 % y 12,8 % del pasivo total, respectivamente. Por su parte, la cuenta "préstamos por pagar" es el único pasivo de largo plazo, el que corresponde a 39,2 % del pasivo total, al igual que las deudas con proveedores de inventario.

En cuanto al patrimonio, el contador explica que se compone de las cuentas "capital" y "resultados acumulados", las que representan el 28,2 % y 71,8 % del patrimonio total, respectivamente. Además, él señala que el saldo de la cuenta "resultados acumulados" (RA) al día veintiuno del segundo año se calcula como sigue:

$$RA_{\text{Año 2}} = RA_{\text{Año 1}} + \text{Utilidad del Ejercicio}_{\text{Año 2}} - \text{Dividendos Declarados}_{\text{Año 2}}$$

$$RA_{\text{Año 2}} = \$36.870 + \$46.716 - \$2.000$$

$$RA_{\text{Año 2}} = \$81.586$$

Tras realizar este cálculo, el contador indica que el "mayor" de los "resultados acumulados" presentado en el libro mayor no incluye la utilidad del ejercicio, por lo que su "mayor" debe quedar de la siguiente manera:

	Resultados acumulados		
	Debe	**Haber**	
		$36.870	**SI**
Dividendos declarados	$2.000	$46.716	Utilidad del ejercicio
	$2.000	**$83.586**	
		$81.586	**SF - SA**

Tras analizar el "mayor" de "resultados acumulados", el inversor indica al contador que esta cuenta de patrimonio queda con un saldo acreedor (SA), debido a que las utilidades retenidas son positivas. El contador añade que el monto de $81.586 de esta cuenta son las utilidades que los accionistas pueden recibir como dividendos, en caso de que se tome esa decisión en la junta de accionistas.

Luego, el contador pregunta al inversor por qué tiene un rostro de preocupación. El inversor señala a su amigo que el activo "efectivo" disminuyó, pasando de $95.400 al inicio del año a $89.830 al finalizar la tercera semana del segundo año. Por ello, el inversor pregunta al contador respecto de la causa de la disminución en este activo. El contador responde que el Estado de Flujos de Efectivo brinda una explicación detallada a esta interrogante. De hecho, ya había preparado este estado financiero, y procede a presentarlo al inversor para su revisión.

Estado de Flujos de Efectivo – PINO S.A. Dese el día 1 hasta el día 21 del año 2	
Actividades de operación	
Cobros a clientes	$51.000
Pagos a proveedores	($24.200)
Pagos de sueldos	$0
Pagos de otros gastos operacionales	($3.900)
Flujo neto de actividades de operación	**$22.900**
Actividades de inversión	
Compra de un local	($5.000)
Flujo neto de actividades de inversión	**($5.000)**
Actividades de financiamiento	
Aportes de capital	$20.000
Pagos de préstamos	($5.000)
Pagos de intereses	($1.600)
Pagos de dividendos	($36.870)
Flujo neto de actividades de financiamiento	**($23.470)**
Variación neta de efectivo	**($5.570)**
Saldo inicial de efectivo	$95.400
Saldo final de efectivo	**$89.830**

El inversor concluye que, aunque existe un flujo neto positivo de $22.900 proveniente de las actividades operativas, este resulta ampliamente compensado por los flujos netos negativos en las actividades de financiamiento por $23.470 e inversión de $5.000. Si bien en el periodo el efectivo disminuyó en $5.570, como se observa en la variación neta de efectivo, esto es financiado por el saldo de efectivo de $95.400 que existía al inicio del segundo año. En particular, en las actividades de financiamiento, el pago de dividendos por $36.870 constituye el desembolso más significativo del periodo, contribuyendo notablemente a la disminución de $5.570 en el efectivo de PINO en las tres semanas del segundo año.

El contador felicita al inversor porque ha encontrado la respuesta a su interrogante y sugiere que sea él quien explique este estado financiero en la reunión de accionistas del siguiente día. Sin embargo, el inversor manifiesta una nueva inquietud: se pregunta cómo el contador pudo preparar el Estado de Flujos de Efectivo tan rápido. En respuesta, el contador aclara que las entradas ("cargos") y salidas ("abonos") de dinero se detallan en el "mayor" de la cuenta de activo "efectivo", incluyendo los saldos inicial y final. Por tanto, la tarea consiste en identificar a qué corresponde cada movimiento de dinero y clasificarlo según la actividad a la que pertenece: operación (Ope.), inversión (Inv.) o financiamiento (Fin.). Para facilitar la comprensión, el contador menciona que utilizó una hoja de trabajo como base para la elaboración del Estado de Flujos de Efectivo, presentándola a continuación:

		Efectivo			
		Debe	**Haber**		
Saldo inicial	**SI**	**$95.400**			
Aporte de capital - Fin.	(1)	$20.000	$36.870	(2)	Pagos de dividendos - Fin.
Cobros a clientes - Ope.	(6)	$15.000	$400	(3)	Pagos de SSBB - Ope.
Cobros a clientes - Ope.	(11)	$16.000	$5.000	(4)	Compras de PPE - Inv.
Cobros a clientes - Ope.	(17)	$20.000	$14.200	(7)	Pagos a proveedores - Ope.
			$2.000	(8)	Pagos de arriendo - Ope.
			$1.500	(10)	Pagos de publicidad - Ope.
			$5.000	(12)	Pagos de préstamos - Fin.
			$1.600	(13)	Pagos de intereses - Fin.
			$10.000	(15)	Pagos a proveedores - Ope.
		$166.400	**$76.570**		
Saldo final	**SD - SF**	**$89.830**			

Tras analizar detenidamente la hoja de trabajo proporcionada por el contador, el inversor expresa su total entendimiento acerca de la preparación del Estado de Flujos de Efectivo. Por su parte, el contador asegura que ya está todo preparado para la reunión de accionistas del día siguiente. Sin embargo, el inversor solicita al contador que le aclare unas últimas dudas, aunque no están relacionadas con el Estado de Flujos de Efectivo.

El inversor expone que una de sus inquietudes está relacionada con el "mayor" de los "resultados acumulados" presentado anteriormente. Él indica que no comprende cómo se "abonan" los $46.716 de la utilidad del ejercicio si no existe la contabilización de un asiento contable que permita traspasar ese monto. El contador explica que, al finalizar cada año, se realiza el cierre de las cuentas de ingresos y gastos, dejándolas con un saldo de $0. Prosigue su explicación indicando que para ajustar las cuentas de ingresos y gastos a un saldo de $0 al finalizar un año, se deben "cargar" y "abonar" dichas cuentas por sus respectivos saldos, es decir, se realiza el registro inverso del saldo para que su saldo al cierre del periodo sea de $0. Este procedimiento contable cumple con dos propósitos: primero, asegurar que, en el año siguiente, las cuentas de resultados (ingresos y gastos) reflejen únicamente los movimientos correspondientes a ese año; segundo, traspasar la utilidad del ejercicio del periodo actual a la cuenta de patrimonio "resultados acumulados". Es sumamente importante destacar que, en este caso particular, los "resultados acumulados" se "abonan" por $46.716 debido a la generación de una utilidad en las tres primeras semanas del segundo año (Ingresos > Gastos), lo que incrementa el patrimonio por medio del aumento en los "resultados acumulados". Si, por el contrario, se hubiese generado una pérdida del ejercicio, la cuenta "resultados acumulados" se debería "cargar" para disminuir el patrimonio.

Para facilitar su comprensión, el contador prepara el asiento de cierre de las cuentas de resultados de PINO al finalizar la tercera semana del segundo año, el que presenta a continuación:

#	Fecha	Cuentas		Debe	Haber
23	21/Ene/Año 2	Ingreso por venta		$80.500	
			Resultados acumulados		$46.716
			Costo de venta		$21.000
			Gasto de sueldos		$4.900
			Gasto de SSBB		$1.200
			Gasto de publicidad		$500
			Gasto de depreciación		$34
			Gasto de arriendo		$5.600
			Gasto financiero		$550
	Glosa: Asiento de cierre de las cuentas de resultados.				

El inversor manifiesta que su penúltima duda ha sido resuelta, comprendiendo ahora la razón por la que las cuentas de ingresos y gastos no presentan un saldo inicial. Esta situación se debe a que, al efectuar el asiento de cierre de dichas cuentas, la sumatoria de débitos se iguala a la sumatoria de créditos, lo que hace que la cuenta quede saldada. No obstante, el contador precisa que el asiento anterior es de carácter temporal en PINO y debe ser anulado (reversado) al comienzo de la cuarta semana del segundo año, ya que es necesario registrar los ingresos y gastos de todo el segundo año. En consecuencia, el asiento de cierre definitivo de las cuentas de ingresos y gastos se realiza al concluir el año.

Como ejercicio práctico basado en lo explicado por el contador, el inversor realiza el asiento de cierre correspondiente al 31 de diciembre del primer año, que se debió registrar para saldar las cuentas de resultados en la contabilidad de PINO. Dicho asiento se presenta de la siguiente forma:

#	Fecha	Cuentas		Debe	Haber
	31/Dic/Año 1	Ingreso por venta		$116.960	
		Ingreso financiero		$240	
			Resultados acumulados		$73.740
			Costo de venta		$30.400
			Gasto de sueldos		$6.300
			Gasto de SSBB		$1.300
			Gasto de publicidad		$500
			Gasto de depreciación		$60
			Pérdida de inventario		$2.500
			Gasto de arriendo		$1.200
			Gasto financiero		$1.200
	Glosa: Asiento de cierre de las cuentas de resultados.				

Determinado el asiento de cierre de las cuentas de resultados, el contador destaca que la "ganancia bruta", el "resultado operacional" (EBIT) y la "utilidad del ejercicio" no son cuentas contables, sino saldos de diferencias entre cuentas y, por tanto, no existe asiento ni "mayor" de esas magnitudes contables.

El contador verifica y confirma que el asiento de cierre realizado por el inversor coincide con el que está registrado en la contabilidad de la librería PINO. Por tanto, decide que, a partir de este año, el inversor será el responsable de realizar el cierre anual de las cuentas de resultados.

Antes de retornar a sus respectivos hogares, el inversor plantea su última duda. Esta se relaciona con la explicación ofrecida al inicio del año, acerca de que el saldo de las cuentas de activos, pasivos y patrimonio al final de un año es equivalente al saldo inicial del siguiente año. Específicamente, pregunta acerca del procedimiento contable necesario para que el saldo final de estas cuentas en un año se convierta en el saldo inicial del siguiente año. El contador aclara que esto se logra mediante el asiento de apertura de estas cuentas al inicio de cada año, recordando que al finalizar el ejercicio contable se cierran las cuentas que componen el Estado de Situación Financiera.

El contador explica que, al igual que las cuentas de resultados, al finalizar el año también se cierran las cuentas de activos, pasivos y patrimonio. En el caso de PINO, al 31 de diciembre del primer año, se contabilizó el siguiente asiento para cerrar estas cuentas:

#	Fecha	Cuentas	Debe	Haber
	31/Dic/Año 1	Intereses por pagar	$1.200	
		Cuentas por pagar	$18.200	
		SSBB por pagar	$400	
		IRPA	$10.500	
		Dividendos por pagar	$36.870	
		Préstamos por pagar	$20.000	
		Capital	$12.000	
		Resultados acumulados	$36.870	
		Depreciación acumulada	$60	
		Efectivo		$95.400
		Inventario		$3.100
		Cuentas por cobrar		$16.000
		APPA		$3.600
		Local		$7.000
		Bodega		$11.000
	Glosa: Asiento de cierre de las cuentas del Estado de Situación Financiera.			

El contador señala que, al finalizar el primer año de operación, se cierran las cuentas de activos de PINO contabilizando un "abono" por su saldo final, mientras que las cuentas de pasivos y patrimonio se cierran registrando un "cargo" por su saldo final. Respecto de la cuenta de patrimonio "resultados acumulados", esta se puede "cargar" o "abonar" dependiendo de si finaliza el año con un saldo acreedor o deudor, respectivamente. En este caso, se "carga" para cerrarla, ya que finalizó el primer año con un saldo acreedor (utilidad acumulada).

Posteriormente, el contador añade que al inicio del año siguiente (segundo año) se realiza la apertura de estas cuentas para que los "mayores" reflejen como saldo inicial el saldo con el que finalizaron el año anterior (primer año). Las cuentas de activos se "cargan" en el asiento de apertura por el saldo contabilizado en el asiento de cierre. En cambio, las cuentas de pasivos y patrimonio se "abonan" por el saldo contabilizado en el asiento de cierre. Si el saldo de la cuenta "resultados acumulados" es deudor al finalizar un año, en el asiento de apertura se debe registrar un "cargo". Por consiguiente, el asiento de apertura del segundo año para las cuentas del Estado de Situación Financiera de PINO queda de la siguiente manera:

#	Fecha	Cuentas		Debe	Haber
	1/Ene/Año 2	Efectivo		$95.400	
		Inventario		$3.100	
		Cuentas por cobrar		$16.000	
		APPA		$3.600	
		Local		$7.000	
		Bodega		$11.000	
			Intereses por pagar		$1.200
			Cuentas por pagar		$18.200
			SSBB por pagar		$400
			IRPA		$10.500
			Dividendos por pagar		$36.870
			Préstamos por pagar		$20.000
			Capital		$12.000
			Resultados acumulados		$36.870
			Depreciación acumulada		$60
	Glosa: Asiento de apertura de las cuentas de activos, pasivos y patrimonio.				

Tras revisar el asiento anterior, el contador indica al inversor que, si surgen otras dudas, el día de mañana será la oportunidad para resolverlas. Enfatiza que ahora es momento de regresar a sus hogares, ya que la información contable está completamente preparada para la reunión del día siguiente.

Comentes

1. Moller & Pérez-Cotapos se adjudica el proyecto de construcción de un nuevo estadio para el fútbol chileno, con un valor de $2.000 millones, el que será financiado por la Asociación Nacional de Fútbol Profesional (ANFP) de Chile. Si la ANFP anticipa hoy el 25 % del total del contrato, Moller & Pérez-Cotapos registra hoy $500 millones en el "debe" de la cuenta "ingreso por venta" y un "cargo" en el activo "efectivo" por el mismo monto. Comente.

Explicación:
Falso. Moller & Pérez-Cotapos hoy no reconoce un "ingreso por venta", ya que la construcción del estadio aún no se ha iniciado. El reconocimiento del ingreso debe ser proporcional al grado de avance del proyecto. Por tanto, lo correcto hoy es contabilizar un "cargo" en el activo "efectivo" por $500 millones y un "abono" en el pasivo "ingresos recibidos por anticipado" (IRPA) por el mismo monto. Además, es importante indicar que cuando un ingreso se reconoce o devenga, se registra en el "haber" (se "abona"), porque esto representa un incremento en el patrimonio debido al aumento de la utilidad del ejercicio, reflejado en los "resultados acumulados".

2. Tras el escándalo de venta de ropa falsificada por parte de La Polar, una empresa del *retail* chileno, numerosos clientes optaron por regresar a las tiendas para devolver las prendas adquiridas. Ante esta situación, La Polar se vio obligada a aceptar las devoluciones. Esto implicó que la empresa tuviera que realizar los siguientes ajustes contables: "cargar" el "ingreso por venta", "abonar" el activo "efectivo" o "cuentas por cobrar", "abonar" el "costo de venta" y "cargar" el activo "inventario". Comente.

   Explicación:
   Verdadero. La explicación del proceso de devoluciones de inventario es correcta, ya que La Polar recupera el inventario. Sin embargo, la ropa falsificada no se puede revender (no se van a generar beneficios a futuro). Por tanto, se debe reversar la venta realizada y cuando el inventario se recibe de vuelta, este debe ser reconocido como pérdida. Destacar que, en lugar de realizar un "cargo" en el activo "inventario", sería más apropiado registrar un "cargo" en la cuenta "pérdidas por inventario", lo que resultaría en una disminución del resultado del ejercicio para La Polar. Se reversa la venta para eliminar el "ingreso por venta" y el "costo de venta" y, así, se rebaja la ganancia bruta de una venta que no es correcta.

3. El Grupo Cencosud, un *holding* chileno que posee las tiendas de *retail* de la marca Paris, ha puesto a la venta su tienda de Paris ubicada en la esquina de Alameda con San Antonio a su valor de costo. Al momento de concretarse la venta, el patrimonio de Cencosud se incrementaría, debido al aumento en el activo total del *holding* chileno. Comente.

   Explicación:
   Falso. El patrimonio de una empresa se calcula como la diferencia entre sus activos y pasivos. Por tanto, la venta de un activo, en este caso una propiedad, planta y equipo, cambiaría la composición de los activos de Cencosud, pero no necesariamente incrementaría su patrimonio de manera automática. El activo total aumentaría solo si el precio de venta es superior al valor contable de la propiedad vendida, es decir, su costo menos la depreciación acumulada a la fecha en que ocurre la venta. En particular, Cencosud registraría un "cargo" en el activo por la modalidad de cobro ("efectivo" o "cuentas por cobrar"). Paralelamente, contabilizaría un "abono" en el activo para reducir el costo de la propiedad, planta y

equipo (PPE) y un "cargo" en la cuenta "depreciación acumulada" asociada con el activo que se vende, para reflejar la disminución del valor contable de la PPE. Adicionalmente, reconocería un "cargo" o un "abono" en los resultados, dependiendo si la transacción de venta resulta en una pérdida (cuando el valor de venta es menor al valor contable del activo vendido) o en una utilidad (cuando el valor de la venta excede al valor contable del activo vendido).

4. Debido a una gestión deficiente por parte del presidente anterior del Fútbol Club Barcelona, el reconocido equipo del futbol español tuvo que renombrar su estadio Spotify Camp Nou y exhibir publicidad de la aplicación de música en sus camisetas para cumplir con sus obligaciones financieras. El acuerdo, firmado por un periodo de cinco años, establece que el club de fútbol español reciba 5 millones de euros al momento de firmar, seguido de pagos de 10 millones de euros al inicio de cada uno de los próximos cuatro años. Al firmar el contrato, es correcto afirmar que en la contabilidad del Fútbol Club Barcelona se debe "cargar" un activo y "abonar" el pasivo "ingresos recibidos por anticipado". Comente.

   Explicación:
   Verdadero. Al momento de firmar el contrato, el Fútbol Club Barcelona registra un "cargo" en el activo "efectivo" por 5 millones de euros y un "abono" en el pasivo "ingresos recibidos por anticipado" (IRPA) por el mismo monto. Este pasivo se irá reduciendo (se "cargará") de manera lineal a lo largo del primer año del contrato, lo que implica registrar un "abono" en el "ingreso por venta" para reflejar la generación de ingresos asociados al giro del club de fútbol. De forma similar, los montos que Fútbol Club Barcelona recibirá en cada uno de los próximos cuatro años tendrán un efecto similar en su contabilidad anualmente.

5. En 2010, el Club Universidad de Chile abandonó su antiguo complejo deportivo, el Caracol Azul, ubicado cerca del Estadio Nacional, trasladándose al Centro Deportivo Azul (CDA) en la comuna de La Cisterna, Chile. Durante este periodo, Azul Azul S.A., la empresa que gestiona los activos del Club Universidad de Chile, realizó una importante inversión al firmar un contrato de tres años con el mejor jugador de Chile. Esta contratación implicó un desembolso de $1.000 millones cuando se firmó el contrato. La transacción fue registrada en Azul Azul S.A. al momento de la firma como un "cargo" en "gasto de pases de jugadores" y un "abono" en "efectivo". Este registro contable resultó en una disminución tanto en el resultado del ejercicio como en el activo total del Club Universidad de Chile. Comente.

   Explicación:
   Falso. Al firmar el contrato con el mejor jugador de Chile, el Club Universidad de Chile se asegura sus servicios por un periodo de tres años. El desembolso realizado por el club deportivo chileno para adquirir los derechos del jugador se registra como un activo intangible. Este tipo de activo se amortiza a lo largo del tiempo, debido a que los beneficios que aporta al Club Universidad de Chile es por un plazo de tres años. Esta amortización implica registrar una disminución (un "abono") en el valor del activo intangible y un aumento del gasto (un "cargo") conocido

como "gasto de amortización". Esta contabilización es análoga al reconocimiento de la depreciación de las propiedades, plantas y equipos. De este modo, el Club Universidad de Chile contabilizará linealmente un "gasto de amortización" durante la vigencia del contrato, lo que afectará el resultado operacional en su Estado de Resultados.

6. Si SMU S.A., una sociedad dedicada a la venta minorista y mayorista en Chile y Perú, realiza una transferencia por $210 en lugar de $120 previstos para pagar la deuda con proveedores de inventario, depositando directamente el monto en sus cuentas corrientes, esto resulta en un incremento en el pasivo "ingresos recibidos por anticipado" en la contabilidad de SMU. Comente.

   Explicación:
   Falso. SMU realizó un pago que excedió en $90 el monto adeudado a sus proveedores. Por tanto, la diferencia se refleja en el activo "anticipos a proveedores". La transacción se registra con un "cargo" en el pasivo "cuentas por pagar" de $120, un "cargo" de $90 en el activo "anticipos a proveedores" y un "abono" de $210 en el activo "efectivo".

7. Embotelladora Andina S.A., una de las embotelladoras de Coca-Cola en Chile, elabora estados financieros mensuales. Esta empresa solicitó un préstamo de $300 millones al Banco Santander para la construcción de su edificio corporativo ubicado en la comuna de Renca, Chile. El préstamo acordado el 1 de julio de 2023 tiene una tasa de interés del 1 % mensual, con pagos de intereses y amortización del principal de $30 millones al final de cada trimestre. Hasta el 30 de noviembre de 2023, cinco meses después de la fecha del préstamo, Embotelladora Andina S.A. ha registrado $15 millones en la cuenta "gasto financiero" y mantiene un saldo en la cuenta "intereses por pagar" de $6 millones al cierre de noviembre de 2023. Comente.

   Explicación:
   Falso. En el periodo que abarca desde el 1 de julio de 2023 hasta 30 de noviembre de 2023, transcurrieron cinco meses, durante estos, se deben devengar los intereses. El "gasto financiero" debería haberse registrado ("cargo") por $14,4 millones ($300 millones x 1 % x 3 meses + $270 millones x 1 % x 2 meses), considerando que se amortizó $30 millones del préstamo a finales de septiembre de 2023. Por tanto, el pasivo "intereses por pagar" debió quedar con un saldo acreedor de $5,4 millones, correspondiente a los intereses adeudados en octubre y noviembre de 2023.

8. Quillayes Surlat, reconocida empresa chilena en la producción de productos lácteos y no lácteos, siempre ha pagado los intereses mensuales de sus créditos bancarios. Si la empresa toma la decisión de posponer estos pagos, entonces se genera un "abono" en el resultado del ejercicio contable actual. Comente.

   Explicación:
   Falso. Un "abono" en el resultado del ejercicio indica un incremento en la utilidad del ejercicio o una disminución en la pérdida del ejercicio. Cuando una empresa

decide posponer el pago de intereses de sus créditos bancarios, esto no implica que los intereses dejen de devengarse; simplemente significa que el pago queda pendiente. Por tanto, la empresa registra un "cargo" en la cuenta "gasto financiero" y un "abono" en el pasivo "intereses por pagar". Así, independientemente de si se pagan los intereses o no, el resultado del ejercicio disminuye, lo que es equivalente a registrar un "cargo" en el resultado del ejercicio.

9. Si Buho S.A., una empresa especializada en la producción de cuadernos con espirales rectangulares y tapas de cartón reciclado, decide incrementar la depreciación de sus muebles corporativos este año, entonces esta decisión resulta en una disminución del monto que se "abona" en el resultado del ejercicio de este año en comparación con el monto que se reconoció en el año anterior. Comente.

   Explicación:
   Falso. Un incremento en la depreciación devengada conlleva a un aumento en la cuenta "gasto de depreciación". Por tanto, si todos los demás ingresos y gastos reconocidos se mantienen constantes, esto resulta en una disminución mayor del resultado del ejercicio en comparación con el año anterior. Además, esta disminución en el resultado del ejercicio se registra contablemente como un "cargo" a resultados, ya que disminuye el patrimonio por medio de los "resultados acumulados".

10. Carozzi S.A., empresa líder en alimentos, ha procedido a reconocer contablemente el uso del arriendo pagado por adelantado. Esta transacción se contabiliza como un "cargo" en el "gasto de arriendo" y un "abono" en el activo "efectivo". Comente.

    Explicación:
    Falso. La empresa registra el consumo de arriendos pagados por anticipado mediante un "cargo" en la cuenta "gasto de arriendo" y un "abono" en el activo "arriendos pagados por anticipado" (APPA). No se registra ningún ajuste en el activo "efectivo" en ese momento, porque la disminución de este activo se registró cuando se realizó el pago por anticipado del arriendo.

11. Si Ganadera del Norte, empresa dedicada a la crianza de vacunos para engorda y venta posterior, decide no declarar ni pagar dividendos a sus accionistas, entonces mejorará su patrimonio. Comente.

    Explicación:
    Verdadero. Cuando se declaran dividendos, la empresa registra un "cargo" en los "resultados acumulados", lo que resulta en una disminución del patrimonio y un "abono" en el pasivo "dividendos por pagar". En cambio, la decisión de no repartir dividendos implica que las utilidades se retienen en la empresa, manteniendo el patrimonio en vez de disminuirlo mediante la distribución de utilidades.

12. Embotelladora Andina S.A., una empresa que fabrica bebidas de fantasía y las vende únicamente a crédito, registra en junio en su cuenta de "gastos pagados por anticipado", pagos efectuados que exceden a los consumos. En consecuencia, el saldo inicial de junio es menor al saldo final de dicho mes. Comente.

Explicación:
Verdadero. El saldo final de una cuenta de activo, tal como los "gastos pagados por anticipado", se calcula por la diferencia entre la sumatoria de débitos y la sumatoria de créditos de la cuenta. La sumatoria de débitos para una cuenta de activo es la suma entre el saldo inicial y el total de "cargos" contabilizados durante el periodo, siendo estos últimos los pagos por anticipado realizados. Por su parte, la sumatoria de créditos para una cuenta de activo representa los "abonos" del periodo, que equivalen a la parte de los gastos pagados por anticipado que se han reconocido como gasto durante el mismo periodo al consumirse el servicio correspondiente. Así, si los "cargos" (pagos por anticipado) son superiores a los "abonos" (consumos) en un periodo, el saldo final del activo "gastos pagados por anticipado" es mayor a su saldo inicial de ese periodo.

13. Cuando Nueces del Sur, una empresa chilena exportadora de nueces, registra un "cargo" en la cuenta "depósitos a plazo" y un "abono" en "ingreso financiero", esto indica que se realizó el cobro de la inversión en depósitos a plazo. Comente.

Explicación:
Falso. El devengamiento o reconocimiento de los intereses ganados de una inversión en depósitos a plazo se contabiliza como un "cargo" en el activo "depósitos a plazo" y un "abono" en la cuenta "ingreso financiero". Cuando se realiza el cobro de la inversión, la transacción se registra con un "cargo" en el activo "efectivo", que incluye la suma del monto depositado y el total de los intereses ganados, y un "abono" en el activo "depósitos a plazo" por el mismo monto, asumiendo que los intereses ya hayan sido completamente devengados.

14. Embotelladora Andina S.A., una empresa dedicada a la fabricación de latas de bebidas, acuerda comprar azúcar con un plazo de pago de 90 días a Industria Azucarera Nacional S.A. (IANSA). Si IANSA envía el azúcar la próxima semana y, tras recibirla, Embotelladora Andina S.A. procede a fabricar y vender bebidas a crédito con un plazo de 60 días a la cadena de supermercados Unimarc, entonces se produce un impacto solamente en el Estado de Resultados de Embotelladora Andina S.A. Comente.

Explicación:
Falso. El Estado de Resultados de Embotelladora Andina S.A. refleja un impacto cuando se realiza la venta de las bebidas a Unimarc. En ese momento Andina contabiliza un "cargo" en el activo "cuentas por cobrar" y un "abono" en el "ingreso por venta", ambos por el valor de la venta. Paralelamente, se registra un "cargo" en el "costo de venta" correspondiente al costo del inventario vendido y un "abono" en el activo "inventario" por el mismo monto. En consecuencia, la transacción afecta la ganancia bruta en el Estado de Resultados, que es la diferencia entre el "ingreso por venta" y el "costo de venta". Por su parte, en el Estado de Situación Financiera se observa un incremento en el activo total por la diferencia entre el aumento de las cuentas "cuentas por cobrar" y la disminución del "inventario". Esto último se traduce en un aumento del patrimonio por medio de los "resulta-

dos acumulados". Además, cuando Embotelladora Andina S.A. recibe el azúcar de IANSA, esta sociedad registra un "cargo" en la cuenta de activo "inventario" y un "abono" en la cuenta de pasivo "cuentas por pagar".

15. Hoy, si la cadena de supermercados Jumbo realiza un pago anticipado por futuros arriendos a Mall Plaza S.A., una cadena chilena de centros comerciales, dicho pago se registra como una disminución en el activo total en el Estado de Situación Financiera de Jumbo. Adicionalmente, este mismo pago es reconocido como un gasto en el Estado de Resultados de Jumbo. Comente.

    Explicación:
    Falso. Cuando Jumbo realiza un pago por anticipado de arriendos, este hecho económico se registra contablemente como un "cargo" en el activo "arriendos pagados por anticipado" (APPA) y un "abono" en el activo "efectivo". Como esta transacción no altera ni el activo total ni el pasivo total, el patrimonio de la empresa –calculado como la diferencia entre el activo total y el pasivo total– no experimenta una variación. Por tanto, al no producirse una disminución del patrimonio, no se reconoce un gasto en el Estado de Resultados de Jumbo en el momento del pago por anticipado. Es importante señalar que el gasto se reconocerá gradualmente en el Estado de Resultados de Jumbo a medida que se consuma el servicio de arriendo pagado por anticipado a Mall Plaza.

16. En mayo, si Cencosud, un *holding* que opera en diversos países de América Latina principalmente en el rubro minorista, anuncia la declaración de un dividendo a ser pagado en julio, entonces aumentará su rentabilidad sobre el patrimonio (ROE por sus siglas en inglés), calculado como la utilidad o pérdida del ejercicio dividida por el patrimonio total, durante mayo. Sin embargo, una vez que se realice el pago del dividendo en julio, el ROE de Cencosud disminuirá. Comente.

    Explicación:
    Falso. En mayo, cuando Cencosud declara dividendos, este hecho económico se contabiliza como un "cargo" en "resultados acumulados" y un "abono" en la cuenta "dividendos por pagar". Esto resulta en una disminución del patrimonio y un incremento en el pasivo de la cadena de supermercados. Posteriormente, en julio, al efectuar el pago de los dividendos, se registra un "cargo" en el pasivo "dividendos por pagar" y un "abono" en el activo "efectivo". Esta última transacción no tiene un impacto en el patrimonio, ya que la disminución en el activo se compensa con la reducción en el pasivo. Por tanto, el ROE de Cencosud se ve afectado únicamente en mayo, momento en el que se reconoce la disminución en el patrimonio.

17. Si Ferrocarriles del Estado, conocida por su sigla EFE y denominada EFE Trenes de Chile desde mayo de 2021, adopta la estrategia de vender sus *tickets* con dos semanas de anticipación a la salida del tren, entonces esta política tiene la ventaja de aumentar el margen operacional de EFE en el momento en que se realizan las ventas de los *tickets*. Comente.

Explicación:
Falso. En la fecha en la que se venden los *tickets* con antelación a la salida del tren, la transacción se contabiliza como un "abono" en el pasivo "ingresos recibidos por anticipado" (IRPA), ya que el servicio de transporte aún no ha sido prestado. En la contrapartida, se realiza un "cargo" en el activo "efectivo". El margen operacional, calculado como el resultado operacional (EBIT por sus siglas en inglés) dividido por el "ingreso por venta", no se ve afectado por la venta anticipada de *tickets*, ya que el ingreso no se registra hasta que el tren parte.

18. Si la cadena de supermercados Jumbo recibe productos lácteos que había pagado por anticipado a la Sociedad de Productores de Leche (Soprole), entonces este hecho económico se registra con un "cargo" en el activo total y un "abono" en el patrimonio de Jumbo. Comente.

Explicación:
Falso. Cuando Jumbo recibe los productos lácteos previamente pagados, la transacción se contabiliza como un "cargo" en el activo "inventario" y un "abono" en el activo "anticipos a proveedores". Debido a que no hay cambios en el activo total y no se afectan los pasivos, el patrimonio, que se calcula como la diferencia entre el activo total y el pasivo total, no experimenta cambios al registrar esta transacción.

19. Mall Plaza S.A., una cadena chilena de centros comerciales, al contabilizar la depreciación del periodo, causa una disminución en su margen operacional. Sin embargo, esta depreciación no afecta el margen neto de la empresa. Comente.

Explicación:
Falso. La depreciación del ejercicio se contabiliza como un "cargo" en la cuenta "gasto de depreciación" y un "abono" en "depreciación acumulada". Este gasto devengado forma parte de los gastos de administración y ventas (GAV), lo que conlleva a una disminución en el resultado operacional (EBIT por sus siglas en inglés). Asimismo, impacta a la utilidad o pérdida del ejercicio (resultado del ejercicio), porque esta última se calcula sumando al EBIT el resultado no operacional. Por tanto, el reconocimiento de la depreciación incide tanto en el margen operacional (EBIT / Ingreso por Venta) como en el margen neto (Resultado del Ejercicio / Ingreso por Venta).

20. Si Carozzi S.A., empresa líder en alimentos, realiza un pago por anticipado por un contrato de publicidad que otorga el derecho a emitir tres avisos en una emisora radial durante 2023, entonces este pago necesariamente se reflejará como un "abono" en el activo y un "cargo" en el resultado del ejercicio durante el mismo año. Comente.

Explicación:
Falso. En la fecha en que realiza el pago por anticipado se contabiliza un "cargo" en el activo "publicidad pagada por anticipado" (PPPA) y un "abono" en el activo "efectivo". En el transcurso de 2023 se registrará un "abono" en el activo "PPPA" y un "cargo" en la cuenta "gasto de publicidad", pero solo si alguno o todos los

avisos contratados se emiten durante ese año. En cambio, si los avisos están programados para emitirse después de 2023, no se produce ningún efecto en el resultado del ejercicio y el saldo del activo "PPPA" al finalizar el 2023 indicará el derecho a que se emitan tres avisos de publicidad en una emisora.

Ejercicios

Ejercicio 1

A continuación se presenta el Estado de Resultados para el 2023 de Embotelladora Andina S.A., una empresa que fabrica bebidas de fantasía como Coca-Cola, Fanta y Sprite, así como sus Estados de Situación Financiera correspondientes al cierre de los años 2022 y 2023:

Estado de Situación Financiera – Embotelladora Andina S.A. **Al 31 de diciembre de 2022 y 2023**					
ACTIVOS	**2023**	**2022**	**PASIVOS**	**2023**	**2022**
Activo corriente			**Pasivo corriente**		
Efectivo	$1.030	$400	Préstamos por pagar	$80	$0
Activo financiero – Acciones	$450	$100	Cuentas por pagar	$2.780	$3.300
Cuentas por cobrar	$1.500	$3.200	Otras cuentas por pagar	$300	$300
Inventario	$900	$800	**Total pasivo corriente**	**$3.160**	**$3.600**
Total activo corriente	**$3.880**	**$4.500**			
			Pasivo no corriente		
Activo no corriente			Préstamos por pagar	$1.700	$1.400
Terrenos	$2.000	$2.000	**Total pasivo no corriente**	**$1.700**	**$1.400**
Edificios	$1.820	$1.000			
Depreciación acumulada	($120)	($100)	**Total pasivos**	**$4.860**	**$5.000**
Total activo no corriente	**$3.700**	**$2.900**			
			PATRIMONIO		
			Capital	$2.200	$1.800
			Resultados acumulados	$520	$600
			Total patrimonio	**$2.720**	**$2.400**
Total activos	**$7.580**	**$7.400**	**Total pasivos y patrimonio**	**$7.580**	**$7.400**

Estado de Resultados – Andina S.A. Para el año 2023	
Ingreso por venta	$2.960
Costo de venta	($2.350)
Ganancia bruta	**$610**
Gastos de administración	($380)
Gasto de depreciación	($20)
Resultado operacional (EBIT)	**$210**
Ingreso financiero	$350
Gasto financiero	($80)
Utilidad del ejercicio	**$480**

También se conoce la siguiente información:

- En el saldo de "préstamos por pagar" se incluye la deuda por concepto de intereses, los que se pagan días después de que fueron devengados.
- El saldo del pasivo "cuentas por pagar" corresponde solamente a la deuda con proveedores de inventario.
- Las transacciones de ventas y compras de inventario se realizan a crédito, sin existir anticipos por parte de clientes ni a proveedores.
- Los pagos de los gastos de administración se realizan en el mismo periodo en que se devengan.
- Las compras de propiedades, plantas y equipos se realizan al contado y no se registran ventas de estos activos.
- No se efectuaron pagos del principal de préstamos bancarios ni de intereses durante 2023.

SE PIDE:

1. Calcular las compras de inventario realizadas por Embotelladora de Andina S.A. en el transcurso de 2023.
2. ¿Cuánto es el monto de los pagos realizados por Embotelladora Andina S.A. a proveedores de inventario durante 2023?
3. Determinar el monto de los pagos realizados por Embotelladora Andina S.A. por concepto de dividendos durante 2023.
4. ¿Cuánto es el monto invertido por Embotelladora Andina S.A. en la compra de propiedades, plantas y equipos a lo largo de 2023?
5. Calcular el monto total de los cobros realizados por Embotelladora Andina S.A. a clientes en 2023.
6. ¿Cuánto es el monto recibido por Embotelladora Andina S.A. de préstamos bancarios en el transcurso de 2023?

DESARROLLO DEL EJERCICIO

Parte 1

Las compras de inventario a crédito se contabilizan mediante el siguiente asiento:

#	Fecha	Cuentas	Debe	Haber
1	Año 2023	Inventario	$X	
		Cuentas por pagar		$X
	Glosa: Compras de inventario a crédito.			

En consecuencia, las compras de inventario (Inv.) de Embotelladora Andina S.A. en 2023 se determinan a partir de los "cargos" de su cuenta de activo "inventario" (*Incógnita X*), la que tiene un saldo deudor (SD). En este caso, se cuenta con la siguiente información acerca de este activo en 2023:

- El saldo inicial (SI) es de $800, que corresponde al saldo final (SF) de 2022.
- El saldo final es de $900.
- El costo del inventario vendido es de $2.350 ("abonos"), que se obtiene a partir del gasto "costo de venta" que se reconoce en el Estado de Resultados. Esto se contabiliza como sigue:

#	Fecha	Cuentas	Debe	Haber
2	Año 2023	Costo de venta	$2.350	
		Inventario		$2.350
	Glosa: Costo del inventario vendido.			

Con estos datos, el "mayor" del activo "inventario" queda expresado de la siguiente manera:

	Inventario		
	Debe	**Haber**	
SI	**$800**		
Compras de inventario (1)	X = $¿?	$2.350	Costo del inventario vendido (2)
	$¿?	**$2.350**	
SD – SF	**$900**		

Entonces, las compras de inventario (*Incógnita X*) realizadas por Embotelladora Andina S.A. durante 2023 se pueden obtener expresando el "mayor" de la cuenta "inventario" mediante la siguiente ecuación:

SF_{2023} = Sumatoria de Débitos$_{2023}$ – Sumatoria de Créditos$_{2023}$

SF_{2023} = (SI_{2023} + Cargos$_{2023}$) – Abonos$_{2023}$

SF_{2023} = (SI_{2023} + Compras de Inv.$_{2023}$) – Costo del Inventario Vendido$_{2023}$

SF_{2023} = (SI_{2023} + X_{2023}) – Costo del Inventario Vendido$_{2023}$

Despejando la *Incógnita X*:

X_{2023} = SF_{2023} – SI_{2023} + Costo del Inventario Vendido$_{2023}$

Sustituyendo las variables por sus montos para determinar la *Incógnita X*:

X_{2023} = \$900 – \$800 + \$2.350

X_{2023} = \$2.450

En definitiva, el valor total de las compras de inventario (*Incógnita X*) realizadas por Embotelladora Andina S.A. durante 2023 ascienden a \$2.450, las que se financiaron con crédito de proveedores.

Parte 2

Los pagos a proveedores de inventario se contabilizan mediante el asiento que se presenta a continuación:

#	Fecha	Cuentas	Debe	Haber
3	Año 2023	Cuentas por pagar	\$Y	
		Efectivo		\$Y
	Glosa: Pagos de deudas a proveedores.			

Por tanto, los pagos realizados a proveedores por Embotelladora Andina S.A. en 2023 se obtienen a partir de los "cargos" registrados en su cuenta de pasivo "cuentas por pagar" en ese año (*Incógnita Y*), la que presenta un saldo acreedor (SA). En este caso, se conoce la siguiente información acerca del pasivo "cuentas por pagar" para 2023:

- El saldo inicial (SI) es de \$3.330, que corresponde al saldo final (SF) de 2022.
- El saldo final es de \$2.780.
- De la Parte 1, se sabe que las compras de inventario (Inv.) a crédito ("abonos") son de \$2.450, que se contabilizaron según el asiento # 1.

Con esta información, el "mayor" de la cuenta de pasivo "cuentas por pagar" se presenta a continuación:

	Cuentas por pagar		
	Debe	**Haber**	
		$3.300	**SI**
Pagos a proveedores (3)	Y = $¿?	$2.450	Compras de inventario a crédito (1)
	$¿?	**$5.750**	
		$2.780	**SF - SA**

Así, los pagos a proveedores de inventario (*Incógnita Y*) realizados por Embotelladora Andina S.A. se pueden determinar expresando el "mayor" del pasivo "cuentas por pagar" mediante la siguiente ecuación:

$$SF_{2023} = \text{Sumatoria de Créditos}_{2023} - \text{Sumatoria de Débitos}_{2023}$$
$$SF_{2023} = (SI_{2023} + \text{Abonos}_{2023}) - \text{Cargos}_{2023}$$
$$SF_{2023} = (SI_{2023} + \text{Compras de Inv. a Crédito}_{2023}) - \text{Pagos a Proveedores}_{2023}$$
$$SF_{2023} = (SI_{2023} + \text{Compras de Inv. a Crédito}_{2023}) - Y_{2023}$$

Despejando la *Incógnita Y*:

$$Y_{2023} = SI_{2023} - SF_{2023} + \text{Compras de Inv. a Crédito}_{2023}$$

Sustituyendo las variables por sus montos para determinar la *Incógnita Y*:

$$Y_{2023} = \$3.300 - \$2.780 + \$2.450$$
$$Y_{2023} = \$2.970$$

En consecuencia, los pagos a proveedores (*Incógnita Y*) realizados por Embotelladora Andina S.A. en 2023 ascienden a $2.970.

Parte 3

Los desembolsos de efectivo realizados en 2023 por concepto de dividendos se contabilizan mediante el siguiente asiento:

#	Fecha	Cuentas	Debe	Haber
4	Año 2023	Dividendos por pagar	$Z	
		Efectivo		$Z
	Glosa: Pagos de dividendos.			

Así, los dividendos declarados y pagados por Embotelladora Andina S.A. se obtienen a partir de los "cargos" de su cuenta de pasivo "dividendos por pagar" (*Incógnita Z*), la que tiene un saldo acreedor (SA). En este caso, tanto el saldo inicial (SI) como el saldo final (SF) de 2023 es de $0, por esta razón, los "cargos" son iguales a los "abonos".

Esto es que los dividendos que fueron declarados en 2023 se pagaron completamente en ese año. Por tanto, el "mayor" del pasivo "dividendos por pagar" se presenta de la siguiente manera:

	Dividendos por pagar		
	Debe	**Haber**	
		$0	**SI**
Pagos de dividendos (4)	Z = $¿?	W = $¿?	Dividendos declarados (5)
	$¿?	**$¿?**	
		$0	**SF – SA**

Por tanto, para determinar el pago de dividendos se tiene que calcular los dividendos declarados, cuya transacción se contabiliza como sigue:

No	Fecha	Cuentas	Debe	Haber
5	Año 2023	Resultados Acumulados	$W	
		Dividendos por pagar		$W
	Glosa: Dividendos declarados.			

Del asiento anterior se infiere que los "abonos" de la cuenta "dividendos por pagar" se determinan a partir de los "cargos" contabilizados en la cuenta de patrimonio "resultados acumulados" (*Incógnita W*). Esta cuenta tiene un saldo acreedor (SA), debido a que su saldo refleja, en este caso, utilidades acumuladas. El "mayor" de esta cuenta de patrimonio se muestra a continuación:

	Resultados acumulados		
	Debe	**Haber**	
		$600	**SI**
Dividendos declarados (5)	W = $¿?	$480	Utilidad del ejercicio
	$¿?	**$1.080**	
		$520	**SF – SA**

Entonces, los dividendos declarados (*Incógnita W*) por Embotelladora Andina S.A. en 2023 son de $560, cuyo monto se determina expresando el "mayor" de "resultados acumulados" de la siguiente manera:

$$SF_{2023} = \text{Sumatoria de Créditos}_{2023} - \text{Sumatoria de Débitos}_{2023}$$

$$SF_{2023} = (SI_{2023} + \text{Abonos}_{2023}) - \text{Cargos}_{2023}$$

$$SF_{2023} = (SI_{2023} + \text{Utilidad del Ejercicio}_{2023}) - \text{Dividendos Declarados}_{2023}$$

$$SF_{2023} = (SI_{2023} + \text{Utilidad del Ejercicio}_{2023}) - W_{2023}$$

Despejando la *Incógnita W*:

$$W_{2023} = SI_{2023} - SF_{2023} + \text{Utilidad del Ejecicio}_{2023}$$

Sustituyendo las variables por sus montos para determinar la *Incógnita W*:

$$W_{2023} = \$600 - \$520 + \$480$$
$$W_{2023} = \$560$$

Finalmente, los dividendos declarados y pagados en 2023 (*Incógnita Z*) por Embotelladora Andina S.A. son de $560, debido a que no existe deuda por concepto de dividendos ni al inicio ni al final de 2023.

Parte 4

Embotelladora Andina S.A. tiene como parte de sus propiedades, plantas y equipos: terrenos y edificios. Por tanto, esta sociedad durante el 2023 pudo contabilizar lo siguiente, considerando que las compras de este tipo de activos se realizan al contado:

#	Fecha	Cuentas	Debe	Haber
6	Año 2023	Terrenos	$R	
		Edificios	$S	
		Efectivo		$T
	Glosa: Compras de propiedades, plantas y equipos.			

Por consiguiente, las compras realizadas de propiedades, plantas y equipos por Embotelladora Andina S.A. en 2023 se determinan a partir de los "cargos" de los mayores "terrenos" y "edificios" (*Incógnita R + incógnita S*), cuyas cuentas tienen un saldo deudor (SD).

Terrenos:

Tanto el saldo inicial (SI) como el saldo final (SF) de "terrenos" es de $2.000. Como no hubo ventas de terrenos en 2023, se deduce que no se compraron terrenos en ese año (*Incógnita R* = $0). Por tanto, el "mayor" del activo "terrenos" en 2023 queda de la siguiente manera:

	Terrenos		
	Debe	**Haber**	
SI	**$2.000**		
Compras de terrenos (6)	R = $0	$0	Ventas de terrenos
	$2.000	**$0**	
SD – SF	**$2.000**		

Es importante señalar que las compras de terrenos se presentan en el mayor solamente para hacer hincapié que no ocurrió esta transacción en 2023.

Edificios:
En este caso, se conoce la siguiente información acerca del activo "edificios" para 2023:

- El saldo inicial (SI) es de \$1.000, que corresponde al saldo final (SF) de 2022.
- El saldo final es de \$1.820.
- No hubo ventas.

Así, el "mayor" de este activo se presenta de la siguiente manera:

	Edificios		
	Debe	**Haber**	
SI	**\$1.000**		
Compras de edificios (6)	S = \$¿?	\$0	Ventas de edificios
	\$¿?	**\$0**	
SD – SF	**\$1.820**		

Por tanto, las compras de edificios (*Incógnita S*) realizadas por Embotelladora Andina S.A. se obtienen expresando el "mayor" del activo "edificios" mediante la siguiente ecuación:

$$SF_{2023} = \text{Sumatoria de Débitos}_{2023} - \text{Sumatoria de Créditos}_{2023}$$

$$SF_{2023} = (SI_{2023} + \text{Cargos}_{2023}) - \text{Abonos}_{2023}$$

$$SF_{2023} = (SI_{2023} + \text{Compras de Edificios}_{2023}) - \text{Ventas de Edificios}_{2023}$$

$$SF_{2023} = (SI_{2023} + S_{2023}) - \text{Ventas de Edificios}_{2023}$$

Despejando la *Incógnita S*:

$$S_{2023} = SF_{2023} - SI_{2023} + \text{Ventas de Edificios}_{2023}$$

Sustituyendo las variables por sus montos para determinar la *Incógnita S*:

$$S_{2023} = \$1.820 - \$1.000 + \$0$$

$$S_{2023} = \$820$$

En conclusión, en 2023 las compras realizadas de propiedades, plantas y equipos por Embotelladora Andina S.A. son de \$820 (*Incógnita R* + *Incógnita S*).

Parte 5

El cobro de cuentas por cobrar se registra mediante el siguiente asiento:

#	Fecha	Cuentas	Debe	Haber
7	Año 2023	Efectivo	$A	
		Cuentas por cobrar		$A
	Glosa: Cobros de cuentas por cobrar.			

De modo que los cobros de cuentas por cobrar realizados por Embotelladora Andina S.A. en 2023 se determinan a partir de los "abonos" de su cuenta de activo "cuentas por cobrar" (*Incógnita A*), la que tiene un saldo deudor (SD). En este caso, se cuenta con la siguiente información acerca del activo "cuentas por cobrar" para 2023:

- El saldo inicial (SI) es de $3.200, que corresponde al saldo final (SF) de 2022.
- El saldo final es de $1.500.
- Las ventas a crédito son de $2.960 ("cargos"), que se obtiene a partir del "ingreso por venta" del Estado de Resultados, considerando que todas las ventas de inventario son a crédito. Esto se contabiliza como sigue:

#	Fecha	Cuentas	Debe	Haber
8	Año 2023	Cuentas por cobrar	$2.960	
		Ingreso por venta		$2.960
	Glosa: Ventas de inventario a crédito.			

Con estos datos, el "mayor" del activo "cuentas por cobrar" se estructura como sigue:

	Cuentas por cobrar		
	Debe	**Haber**	
SI	**$3.200**		
Ventas a crédito (8)	$2.960	A = $¿?	Cobros (7)
	$6.160	**$¿?**	
SD – SF	**$1.500**		

Entonces, los cobros de cuentas por cobrar (*Incógnita A*) realizadas por Embotellado-ra Andina S.A. en 2023 son de $4.660, que se obtienen al expresar el "mayor" de la cuenta de activo "cuentas por cobrar" mediante la siguiente ecuación:

$$SF_{2023} = \text{Sumatoria de Débitos}_{2023} - \text{Sumatoria de Créditos}_{2023}$$

$$SF_{2023} = (SI_{2023} + \text{Cargos}_{2023}) - \text{Abonos}_{2023}$$

$$SF_{2023} = (SI_{2023} + \text{Ventas de Crédito}_{2023}) - \text{Cobros}_{2023}$$

$$SF_{2023} = (SI_{2023} + \text{Ventas a Crédito}_{2023}) - A_{2023}$$

Despejando la *Incógnita A*:

$$A_{2023} = SI_{2023} - SF_{2023} + \text{Ventas a Crédito}_{2023}$$

Sustituyendo las variables por sus montos para determinar la *Incógnita A*:

$$A_{2023} = \$3.200 - \$1.500 + \$2.960$$

$$A_{2023} = \$4.660$$

Parte 6

El registro contable asociado con los préstamos bancarios recibidos es el siguiente:

#	Fecha	Cuentas	Debe	Haber
9	Año 2023	Efectivo	$B	
		Préstamo por pagar		$B
	Glosa: Financiamiento bancario.			

En vista de ello, el dinero recibido de préstamos bancarios por Embotelladora Andina S.A. en 2023 se obtiene a partir de los "abonos" de su cuenta de pasivo "préstamos por pagar" (*Incógnita B*), cuya cuenta presenta un saldo acreedor (SA). En este caso, se conoce la siguiente información acerca del pasivo "préstamos por pagar" en 2023:

- El saldo inicial (SI) es de $1.400, que corresponde al saldo final (SF) de 2022.
- El saldo final es de $1.780, que corresponde a la suma del corto y largo plazo.
- No se realizaron pagos del principal (PP) ni de intereses (PI) de préstamos.
- Los intereses devengados (ID) son de $80, que se obtienen del "gasto financiero" en el Estado de Resultados. Esto se contabiliza de la siguiente manera:

#	Fecha	Cuentas	Debe	Haber
10	Año 2023	Gasto financiero	$80	
		Préstamos por pagar		$80
	Glosa: Intereses devengados de préstamos bancarios.			

Con esta información, el "mayor" de este pasivo se presenta de la siguiente manera:

	Préstamos por pagar		
	Debe	**Haber**	
		\$1.400	**SI**
Pagos de principal	\$0	B = \$¿?	Préstamos recibidos (9)
Pagos de intereses	\$0	\$80	Intereses devengados (10)
	\$0	**\$¿?**	
		\$1.780	**SF – SA**

En definitiva, los préstamos bancarios recibidos por Embotelladora Andina S.A. en 2023 ascienden a \$300 (*Incógnita B*), cuyo monto se obtuvo como sigue:

$$SF_{2023} = \text{Sumatoria de Créditos}_{2023} - \text{Sumatoria de Débitos}_{2023}$$

$$SF_{2023} = (SI_{2023} + \text{Abonos}_{2023}) - \text{Cargos}_{2023}$$

$$SF_{2023} = (SI_{2023} + (\text{Préstamos Recibidos}_{2023} + ID_{2023})) - (PP_{2023} + PI_{2023})$$

$$SF_{2023} = (SI_{2023} + (B_{2023} + ID_{2023})) - (PP_{2023} + PI_{2023})$$

Despejando la *Incógnita B*:

$$B_{2023} = SF_{2023} - SI_{2023} - ID_{2023} + PP_{2023} + PI_{2023}$$

Sustituyendo las variables por sus montos para determinar la *Incógnita B*:

$$B_{2023} = \$1.780 - \$1.400 - \$80 + \$0 + \$0$$

$$B_{2023} = \$300$$

Como los pagos del principal y de intereses son \$0, los préstamos recibidos suman \$300.

Ejercicio 2

Los movimientos registrados en la cuenta de activo "efectivo" de Carozzi, una empresa líder en el rubro de alimentos, durante 2023, son los siguientes:

Salidas de efectivo	2023
Pagos del principal de préstamos	$500
Pagos de sueldos	$600
Pagos de intereses de préstamos	$60
Anticipos pagados a proveedores de inventario	$400
Pagos de deudas a proveedores de inventario	$900
Pagos de servicios básicos	$300
Pagos de seguros	$200
Pagos de dividendos	$70
Total	**$3.030**

Entradas de efectivo	2023
Anticipos de clientes recibidos	$200
Préstamos bancarios obtenidos	$400
Ventas de terrenos	$1.200
Cobros de cuentas por cobrar a clientes	$6.000
Aportes de capital	$4.000
Total	**$11.800**

Además, los saldos de los años cerrados al 31 de diciembre de 2022 y 2023 de las cuentas de Carozzi S.A., son los siguientes:

Cuentas del estado de situación financiera	2023	2022
Efectivo	$10.870	A
Préstamos por pagar	$1.500	B
Cuentas por pagar	C	$250
Ingresos recibidos por anticipado	$50	$100
Cuentas por cobrar	$5.000	$1.000
Inventario	$800	$600
Dividendos por pagar	$250	$120
Anticipos a proveedores	$400	$300
Arriendos pagados por anticipado	D	$600
Intereses por pagar	$90	$0
Capital	$15.500	E
Sueldos por pagar	F	$100
Terrenos	$9.000	$10.000
Resultados acumulados	$6.380	G

Cuentas del estado de resultados	2023	2022
Ingreso por venta	H	$4.000
Costo de venta	$3.000	$2.000
Gasto financiero	I	$200
Gasto de sueldos	$700	$550
Utilidad por venta de terrenos	$200	$0
Gasto de servicios básicos	$300	$250
Gasto de seguros	$200	$100
Gasto de arriendo	$450	$300

También se conoce la siguiente información:

- Las transacciones de compra y venta de inventario se realizan a crédito. Sin embargo, la empresa Carozzi S.A. efectúa anticipos a proveedores y, a su vez, recibe anticipos de sus clientes.
- Los pagos por conceptos de arriendos son solamente pagados por anticipado.
- Los intereses de préstamos bancarios se pagan los primeros días del mes siguiente a su reconocimiento.
- Los sueldos de cada mes se pagan los primeros días del mes siguiente al que los trabajadores han prestado sus servicios.
- No hay disminuciones de capital ni pérdidas de inventario por causa alguna.

SE PIDE:

1. Calcular el saldo de las incógnitas de las cuentas de activos, utilizando ecuaciones para respaldar las respuestas obtenidas.
2. Calcular el saldo de las incógnitas de las cuentas de pasivos, utilizando ecuaciones para respaldar las respuestas obtenidas.
3. Calcular el saldo de las incógnitas de las cuentas de gastos, utilizando ecuaciones para respaldar las respuestas obtenidas.
4. Calcular el saldo de las incógnitas de las cuentas de ingresos, utilizando ecuaciones para respaldar las respuestas obtenidas.
5. Calcular el saldo de las incógnitas de las cuentas de patrimonio, utilizando ecuaciones para respaldar las respuestas obtenidas.
6. Presentar el Estado de Situación Financiera de Carozzi S.A. al 31 de diciembre de 2023.
7. Presentar el Estado de Flujos de Efectivo de Carozzi S.A. para 2023.

DESARROLLO DEL EJERCICIO

Parte 1

El saldo final (SF) de las cuentas de activos corresponde a la diferencia entre la sumatoria de débitos y la sumatoria de créditos, cuyo saldo es deudor (SD). Para un activo la sumatoria de débitos es igual al saldo inicial (SI) más los "cargos" del periodo. Por el contrario, la sumatoria de créditos es igual a los "abonos" del periodo. Por tanto, el saldo final de las cuentas de activos al cierre de un ejercicio contable se expresa como en la ecuación (1).

$$SF_t = \text{Sumatoria de Débitos}_t - \text{Sumatoria de Créditos}_t \quad (1)$$

$$SF_t = (SI_t + \text{Cargos}_t) - \text{Abonos}_t \quad (1)$$

En este ejercicio se debe determinar para las cuentas activos: el saldo inicial de "efectivo" y el saldo final de "arriendos pagados por anticipado" (APPA).

Incógnita A:

Se sabe que el saldo inicial de 2023 de la cuenta "efectivo" es el monto por determinar (*Incógnita A*) y que el saldo final de $2023 es de $10.870. Por su parte, los "cargos" y "abonos" de este activo en 2023 corresponden a las entradas de efectivo por $11.800 y las salidas de afectivo por $3.030 en ese año, respectivamente. Por tanto, el saldo final de 2023 de esta cuenta se calcula según la ecuación (1):

$$SF_{2023} = (SI_{2023} + \text{Entradas de Efectivo}_{2023}) - \text{Salidas de Efectivo}_{2023}$$

$$SF_{2023} = (A_{2023} + \text{Entradas de Efectivo}_{2023}) - \text{Salidas de Efectivo}_{2023}$$

Despejando la *Incógnita A*:

$$A_{2023} = SF_{2023} - \text{Entradas de Efectivo}_{2023} + \text{Salidas de Efectivo}_{2023}$$

Sustituyendo las variables por sus montos para determinar la *Incógnita A*:

$$A_{2023} = \$10.870 - \$11.800 + \$3.030$$

$$A_{2023} = \$2.100$$

Así, el saldo inicial de 2023 de la cuenta "efectivo" de Carozzi S.A. es de $2.100 (*Incógnita A*), quedando el "mayor" de este activo para 2023 de la siguiente manera:

	Efectivo		
	Debe	**Haber**	
SI	**A = $2.100**		
Entradas de efectivo	$11.800	$3.030	Salidas de efectivo
	$13.900	**$3.030**	
SD – SF	**$10.870**		

Incógnita D:
El enunciado proporciona los siguientes datos asociados con el activo "APPA" para 2023:

- El saldo inicial es de $600.
- No se realizaron pagos anticipados durante el año, como se puede verificar en el registro de salidas de efectivo. Por tanto, no hay "cargos" en el año en esta cuenta.
- Los arriendos devengados son de $450 ("gasto de arriendo"). Estos corresponden solamente a los montos que se habían pagado por anticipado, reflejados como "abonos" en los registros contables. El asiento para contabilizar este ajuste es el siguiente:

#	Fecha	Cuentas	Debe	Haber
1	Año 2023	Gasto de arriendo	$450	
		APPA		$450
	Glosa: Devengos de arriendos pagados por anticipado.			

Luego, según la ecuación (1), el saldo de esta cuenta al cierre de 2023 (*Incógnita D*) se determina como sigue:

$$SF_{2023} = (SI_{2023} + \text{Pagos por Anticipado}_{2023}) - \text{Arriendos Devengados}_{2023}$$

$$D_{2023} = (SI_{2023} + \text{Pagos por Anticipado}_{2023}) - \text{Arriendos Devengados}_{2023}$$

Sustituyendo las variables por sus montos para determinar la *Incógnita D*:

$$D_{2023} = \$600 + \$0 - \$450$$

$$D_{2023} = \$150$$

En definitiva, el saldo final de 2023 del activo "APPA" de Carozzi S.A. asciende a $150 (*Incógnita D*), quedando su "mayor" para ese año como se presenta a continuación:

	APPA		
	Debe	**Haber**	
SI	**$600**		
Pagos por anticipado	$0	$450	(1)
	$600	**$450**	
SD – SF	**D = $150**		

Parte 2

El saldo final (SF) de las cuentas de pasivos se calcula a partir de la diferencia entre la sumatoria de créditos y la sumatoria de débitos, cuyo saldo es acreedor (SA). Para un pasivo la sumatoria de créditos es igual a la suma entre el saldo inicial (SI) y los "abonos" del periodo. En cambio, la sumatoria de débitos corresponde a los "cargos" del periodo. De esta forma, el saldo final de las cuentas de pasivos de un periodo se determina como en la ecuación (2).

$$SF_t = \text{Sumatoria de Créditos}_t - \text{Sumatoria de Débitos}_t \quad (2)$$

$$SF_t = (SI_t + \text{Abonos}_t) - \text{Cargos}_t \quad (2)$$

En este ejercicio se pide determinar para las cuentas pasivos: el saldo inicial de "préstamos por pagar", el saldo final de "cuentas por pagar" y el saldo final de "sueldos por pagar".

Incógnita B:
Se conoce del enunciado sobre el pasivo "préstamos por pagar" en 2023 lo siguiente:

- El saldo final es de $1.500.
- Los "cargos" corresponden a los pagos de la deuda realizados, cuyo monto asciende a $500 que figura en las salidas de efectivo. Esta transacción se contabiliza mediante el siguiente asiento:

#	Fecha	Cuentas	Debe	Haber
1	Año 2023	Préstamos por pagar	$500	
		Efectivo		$500
	Glosa: Pagos parciales de la deuda por préstamos bancarios.			

- Según las entradas de efectivo, el dinero recibido por Carozzi por préstamos obtenidos es de $400 ("abonos"). Esta transacción se contabiliza a través del siguiente asiento contable:

#	Fecha	Cuentas	Debe	Haber
2	Año 2023	Efectivo	$400	
		Préstamos por pagar		$400
	Glosa: Préstamos recibidos.			

Luego, de acuerdo con la ecuación (2), el saldo inicial de 2023 de esta cuenta (*Incógnita B*) se determina de la siguiente forma:

$$SF_{2023} = SI_{2023} + \text{Préstamos Recibidos}_{2023} - \text{Pagos de Préstamos}_{2023}$$

$$SF_{2023} = B_{2023} + \text{Préstamos Recibidos}_{2023} - \text{Pagos de Préstamos}_{2023}$$

Despejando la *Incógnita B*:

$$B_{2023} = SF_{2023} - \text{Préstamos Recibidos}_{2023} + \text{Pagos de Préstamos}_{2023}$$

Sustituyendo las variables por sus montos para determinar la *Incógnita B*:

$$B_{2023} = \$1.500 - \$400 + \$500$$

$$B_{2023} = \$1.600$$

En conclusión, el saldo inicial de 2023 del pasivo "préstamos por pagar" de Carozzi S.A. es de $1.600 (*Incógnita B*), quedando su "mayor" para ese año como sigue:

	Préstamos por pagar		
	Debe	**Haber**	
		B = $1.600	**SI**
(1)	$500	$400	(2)
	$500	**$2.000**	
		$1.500	**SF – SA**

Incógnita C:
El enunciado entrega los siguientes antecedentes acerca de la cuenta de pasivo "cuentas por pagar" para 2023:

- El saldo inicial es de $250.
- Los "cargos" reflejan los pagos de cuentas por pagar a proveedores de inventario, cuyo monto es de $900, según las salidas de efectivo. Esta transacción se contabiliza mediante el siguiente asiento:

#	Fecha	Cuentas	Debe	Haber
1	Año 2023	Cuentas por pagar	$900	
		Efectivo		$900
	Glosa: Pagos de cuentas por pagar a proveedores.			

El saldo final de esta cuenta es la variable por determinar (*Incógnita C*), el que se obtiene de la siguiente forma, según la ecuación (2):

$$SF_{2023} = (SI_{2023} + \text{Compras de Inventario a Crédito}_{2023}) - \text{Pagos a Proveedores}_{2023}$$

$$C_{2023} = (SI_{2023} + \text{Compras de Inventario a Crédito}_{2023}) - \text{Pagos a Proveedores}_{2023}$$

En consecuencia, para determinar la *Incógnita C* se debe primero calcular las compras de inventario a crédito en 2023, para ello se debe analizar el activo "inventario". De este activo se conocen los siguientes antecedentes para 2023:

- El saldo inicial es de $600.
- El saldo final es de $800.
- Las disminuciones ("abonos") por ventas de inventario en el año son de $3.000. Este monto está asociado con el costo del inventario vendido que se refleja mediante la cuenta "costo de venta", la que se presenta en el Estado de Resultados. Este hecho económico se contabiliza como sigue:

#	Fecha	Cuentas	Debe	Haber
2	Año 2023	Costo de venta	$3.000	
		Inventario		$3.000
	Glosa: Costo del inventario vendido.			

Por tanto, el total de compras de inventario en 2023 se puede obtener de la siguiente manera, considerando la ecuación (1) (*véase* Parte 1):

$$SF_{2023} = SI_{2023} + \text{Total de Compras}_{2023} - \text{Costo del Inventario Vendido}_{2023}$$

Despejando la *Incógnita Total de Compras*:

$$\text{Total de Compras}_{2023} = SF_{2023} - SI_{2023} + \text{Costo del Inventario Vendido}_{2023}$$

Sustituyendo las variables por sus montos para determinar la *Incógnita Total de Compras*:

$$\text{Total de Compras}_{2023} = \$800 - \$600 + \$3.000$$

$$\text{Total de Compras}_{2023} = \$3.200$$

Sin embargo, no se puede concluir que las compras a crédito en 2023 son de $3.200, debido a que Carozzi S.A. recibió inventario que había pagado por anticipado. Por ello, hay que analizar los registros contables del activo "anticipos a proveedores" para calcular cuánto del inventario comprado en 2023 fue mediante el uso de anticipos a proveedores. Se cuenta con la siguiente información acerca de esta cuenta en 2023:

- Los saldos inicial y final son de $300 y $400, respectivamente.
- Los desembolsos por concepto de anticipos a proveedores en el año son de $400, como se presenta en las salidas de efectivo, lo que se registra mediante el siguiente asiento:

#	Fecha	Cuentas	Debe	Haber
3	Año 2023	Anticipos a proveedores	$400	
		Efectivo		$400
	Glosa: Anticipos realizados a proveedores.			

Así, el monto de las compras de inventario en 2023 mediante el uso de anticipos a proveedores se obtiene de la siguiente manera (*véase* la ecuación (1) en la Parte 1):

$$SF_{2023} = SI_{2023} + \text{Anticipos Realizados}_{2023} - \text{Uso de Anticipos}_{2023}$$

Despejando la *Incógnita Uso de Anticipos*:

$$\text{Uso de Anticipos}_{2023} = SI_{2023} - SF_{2023} + \text{Anticipos Realizados}_{2023}$$

Sustituyendo las variables por sus montos para determinar la *Incógnita Uso de Anticipos*:

$$\text{Uso de Anticipos}_{2023} = \$300 - \$400 + \$400$$

$$\text{Uso de Anticipos}_{2023} = \$300$$

Conociendo el monto de compras de inventario (Inv.) mediante el uso de anticipos a proveedores, se puede determinar las compras a crédito de la siguiente manera:

$$\text{Compras de Inv. a Crédito}_{2023} = \text{Total de Compras}_{2023} - \text{Uso de Anticipos}_{2023}$$

Sustituyendo las variables por sus montos para determinar la *Incógnita Compras de Inv. a Crédito*:

$$\text{Compras de Inv. a Crédito}_{2023} = \$3.200 - \$300$$

$$\text{Compras de Inv. a Crédito}_{2023} = \$2.900$$

Por esta razón, la contabilización de las compras de inventario en 2023 se realiza mediante el siguiente asiento:

#	Fecha	Cuentas	Debe	Haber
4	Año 2023	Inventario	$3.200	
		Anticipos a proveedores		$300
		Cuentas por pagar		$2.900
	Glosa: Compras de inventario a crédito y mediante el uso de anticipos a proveedores.			

Por consiguiente, el "mayor" de la cuenta de activo "inventario" queda como sigue:

	Inventario		
	Debe	**Haber**	
SI	**$600**		
Compras (4)	$3.200	$3.000	Costo del inventario vendido (2)
	$3.800	**$3.000**	
SD – SF	**$800**		

Finalmente, como se había indicado anteriormente, el saldo final de la cuenta de pasivo "cuentas por pagar" (*Incógnita C*) se calcula de la siguiente forma:

$$C_{2023} = (SI_{2023} + \text{Compras de Inv. a Crédito}_{2023}) - \text{Pagos a Proveedores}_{2023}$$

Sustituyendo las variables por sus montos para determinar la *Incógnita C*:

$$C_{2023} = \$250 + \$2.900 - \$900$$

$$C_{2023} = \$2.250$$

En conclusión, el saldo final de la cuenta de pasivo "cuentas por pagar" de Carozzi S.A. en 2023 es de $2.250 (*Incógnita C*), quedando su "mayor" en dicho año como se presenta a continuación:

	Cuentas por pagar		
	Debe	**Haber**	
		$250	**SI**
(1)	$900	$2.900	(4)
	$900	**$3.150**	
		C = $2.250	**SF – SA**

Incógnita F:
El enunciado proporciona la siguiente información acerca del pasivo "sueldos por pagar" para 2023:

- El saldo inicial es de $100.
- Los "abonos" corresponden al devengamiento de los sueldos anuales ("gasto de sueldos"), los que ascienden a $700. Esta transacción se contabiliza mediante el siguiente asiento:

#	Fecha	Cuentas	Debe	Haber
1	Año 2023	Gasto de sueldos	$700	
		Sueldos por pagar		$700
	Glosa: Sueldos devengados.			

- Los "cargos" corresponden a los pagos de los sueldos adeudados en el año, cuyo monto es de $600, presentados en las salidas de efectivo. Esta transacción se registra de la siguiente manera:

#	Fecha	Cuentas	Debe	Haber
2	Año 2023	Sueldos por pagar	$600	
		Efectivo		$600
	Glosa: Pagos de sueldos.			

A continuación, según la ecuación (2), el saldo final de 2023 de esta cuenta (*Incógnita F*) se determina como sigue:

$$SF_{2023} = (SI_{2023} + \text{Sueldos Devengados}_{2023}) - \text{Pagos de Sueldos}_{2023}$$

$$F_{2023} = (SI_{2023} + \text{Sueldos Devengados}_{2023}) - \text{Pagos de Sueldos}_{2023}$$

Sustituyendo las variables por sus montos para determinar la *Incógnita F*:

$$F_{2023} = \$100 + \$700 - \$600$$

$$F_{2023} = \$200$$

Resumiendo, el saldo final de 2023 del pasivo "sueldos por pagar" de Carozzi S.A. es de $200 (*Incógnita F*), quedando su "mayor" para ese año como se presenta a continuación:

	Sueldos por pagar		
	Debe	**Haber**	
		$100	**SI**
(2)	$600	$700	(1)
	$600	**$800**	
		F = $200	**SF – SA**

Parte 3

El saldo final (SF) de las cuentas de gastos se calcula a partir de la diferencia entre la sumatoria de débitos y la sumatoria de créditos, cuyo saldo es deudor (SD). Una cuenta de gasto no tiene un saldo inicial (SI), por tanto, las sumatorias de débitos y créditos equivalen al total de los "cargos" y "abonos" del periodo, respectivamente.

De este modo, el saldo final de las cuentas de gastos de un periodo se calcula como se presenta en la ecuación (3).

$$SF_t = \text{Sumatoria de Débitos}_t - \text{Sumatoria de Créditos}_t \quad (3)$$

$$SF_t = \text{Cargos}_t - \text{Abonos}_t \quad (3)$$

En esta sección se determinará el saldo de 2023 de la cuenta "gasto financiero".

Incógnita I:
En el enunciado se indica que los intereses se pagan después de su reconocimiento. Por tanto, el asiento que contabiliza el devengo de los intereses de una deuda se presenta a continuación:

#	Fecha	Cuentas	Debe	Haber
1	Año 2023	Gasto financiero	$I	
		Intereses por pagar		$I
	Glosa: Intereses devengados de una deuda.			

Por esta razón, el "gasto financiero" de 2023 (*Incógnita I*) se obtiene a partir de los movimientos de la cuenta de pasivo "intereses por pagar", la que tiene un saldo acreedor (SA). Específicamente, los intereses devengados en 2023 se determinan a partir de los "abonos" registrados en este pasivo en 2023, conociéndose la siguiente información respecto de esta cuenta para dicho año:

- Los saldos inicial y final son de $0 y $90, respectivamente.
- Los pagos de intereses o "cargos" en la cuenta son de $60, como figura en las salidas de efectivo. Esta transacción se registra mediante el siguiente asiento:

#	Fecha	Cuentas	Debe	Haber
2	Año 2023	Intereses por pagar	$60	
		Efectivo		$60
	Glosa: Pagos de intereses.			

Luego, de acuerdo con la ecuación (2) (ver Parte 2), los "abonos" de la cuenta de pasivo "intereses por pagar" (*Incógnita I*) se determinan de la siguiente forma:

$$SF_{2023} = SI_{2023} + \text{Intereses Devengados}_{2023} - \text{Pagos de Intereses}_{2023}$$

$$SF_{2023} = SI_{2023} + I_{2023} - \text{Pagos de Intereses}_{2023}$$

Despejando la *Incógnita I*:

$$I_{2023} = SF_{2023} - SI_{2023} + \text{Pagos de Intereses}_{2023}$$

Sustituyendo las variables por sus montos para determinar la *Incógnita I*:

$$I_{2023} = \$90 - \$0 + \$60$$

$$I_{2023} = \$150$$

En conclusión, el "gasto financiero" reconocido en 2023 por Carozzi S.A. es de $150 (*Incógnita I*). Así, los "mayores" del pasivo "intereses por pagar" y del "gasto financiero" para ese año quedan de la siguiente manera:

	Intereses por pagar		
	Debe	**Haber**	
		$0	**SI**
(2)	$60	I = $150	(1)
	$60	**$150**	
		$90	**SF – SA**

	Gasto financiero	
	Debe	**Haber**
SI	**$0**	
(1)	I = $150	
	$150	**$0**
SD – SF	**$150**	

Parte 4

El saldo final (SF) de las cuentas de ingresos se determina a partir de la diferencia entre la sumatoria de créditos y la sumatoria de débitos, cuyo saldo es acreedor (SA). Las cuentas de ingresos no tienen un saldo inicial (SI), por esta razón, las sumatorias de créditos y débitos equivalen al total de los "abonos" y "cargos" del periodo, respectivamente. De esta forma, el saldo final de las cuentas de ingresos de un periodo se calcula como se presenta en la ecuación (4).

$$SF_t = \text{Sumatoria de Créditos}_t - \text{Sumatoria de Débitos}_t \quad (4)$$

$$SF_t = \text{Abonos}_t - \text{Cargos}_t \quad (4)$$

En esta sección se pide determinar el saldo de 2023 de la cuenta de resultados "ingreso por venta".

Incógnita H:

La cuenta "ingreso por venta" de Carozzi S.A. se genera a partir de las ventas a crédito y de la entrega de productos que los clientes habían pagado por adelantado. Es decir, las ventas pueden causar un aumento en el activo "cuentas por cobrar" y una disminución en el pasivo "ingresos recibidos por anticipado" (IRPA). En consecuencia, el "ingreso por venta" de 2023 se contabiliza mediante el siguiente asiento:

#	Fecha	Cuentas	Debe	Haber
1	Año 2023	Cuentas por cobrar	$X	
		IRPA	$Y	
		Ingreso por venta		$H
	Glosa: Ventas tanto a crédito como a clientes que habían pagado por anticipado.			

Las ventas a crédito se obtienen a partir de los "cargos" de la cuenta de activo "cuentas por cobrar", cuya cuenta tiene su saldo deudor (SD). El enunciado proporciona los siguientes antecedentes de este activo para 2023:

- El saldo inicial es de $1.000.
- El saldo final es de $5.000.
- Los cobros ("abonos") son de $6.000, que rebajan la "cuenta por cobrar" y se presentan en las entradas de efectivo. Esta transacción se contabiliza de la siguiente manera:

#	Fecha	Cuentas	Debe	Haber
2	Año 2023	Efectivo	$6.000	
		Cuentas por cobrar		$6.000
	Glosa: Cobros de cuentas por cobrar.			

Por consiguiente, los "cargos" de las "cuentas por cobrar" (*Incógnita X*) se determinan de la siguiente manera, según la ecuación (1) de la Parte 1:

$$SF_{2023} = SI_{2023} + \text{Ventas a Crédito}_{2023} - \text{Cobros}_{2023}$$

$$SF_{2023} = SI_{2023} + X_{2023} - \text{Cobros}_{2023}$$

Despejando la *Incógnita X*:

$$X_{2023} = SF_{2023} - SI_{2023} + \text{Cobros}_{2023}$$

Sustituyendo las variables por sus montos para determinar la *Incógnita X*:

$$X_{2023} = \$5.000 - \$1.000 + \$6.000$$

$$X_{2023} = \$10.000$$

Por tanto, las ventas a crédito de Carozzi S.A. son de $10.000 (*Incógnita X*) en 2023, quedando el "mayor" del activo "cuentas por cobrar" como se presenta a continuación:

	Cuentas por cobrar		
	Debe	Haber	
SI	$1.000		
(1)	X = $10.000	$6.000	(2)
	$11.000	$6.000	
SD – SF	$5.000		

Por su parte, para determinar las ventas generadas por anticipos de clientes se debe analizar el pasivo "ingresos recibidos por anticipado" (IRPA), el que tiene un saldo acreedor (SA). En este caso, se conocen los siguientes antecedentes acerca de este pasivo para 2023:

- El saldo inicial (SI) es de $100.
- El saldo final (SF) es de $50.
- Según las entradas de efectivo, los anticipos recibidos de clientes ("abonos") son de $200, los que se contabilizan como siguen:

#	Fecha	Cuentas	Debe	Haber
3	Año 2023	Efectivo	$200	
		IRPA		$200
	Glosa: Anticipos de clientes recibidos.			

Para determinar la *Incógnita Y*, que refleja la disminución de la obligación por la entrega de productos a los clientes que habían pagado por anticipado, se expresa el "mayor" del pasivo "IRPA", según ecuación (2) de la Parte 2, como sigue:

$$SF_{2023} = SI_{2023} + \text{Anticipos Recibidos}_{2023} - \text{Ventas Realizadas}_{2023}$$
$$SF_{2023} = SI_{2023} + \text{Anticipos Recibidos}_{2023} - Y_{2023}$$

Despejando la *Incógnita Y*:

$$Y_{2023} = SI_{2023} - SF_{2023} + \text{Anticipos Recibidos}_{2023}$$

Sustituyendo las variables por sus montos para determinar la *Incógnita Y*:

$$Y_{2023} = \$100 - \$50 + \$200$$
$$Y_{2023} = \$250$$

En definitiva, las ventas realizadas mediante anticipos de clientes son de $250 (*Incógnita Y*) en el transcurso de 2023, quedando el "mayor" del pasivo "IRPA" como se presenta a continuación:

	IRPA		
	Debe	**Haber**	
		$100	**SI**
(1)	Y = $250	$200	(3)
	$250	**$300**	
		$50	**SF – SA**

Por consiguiente, el "ingreso por venta" de Carozzi S.A. en 2023 asciende a $10.250 (*Incógnita H = Incógnita X + Incógnita Y*). De este monto, $10.000 se generaron por ventas de inventario a crédito (*Incógnita X)* y $250 debido a la disminución del pasivo "IRPA" (*Incógnita Y*). Finalmente, el "mayor" correspondiente al "ingreso por venta" queda como sigue:

Ingreso por venta		
Debe	**Haber**	
	$0	**SI**
	H = $10.250	(1)
$0	**$10.250**	
	$10.250	**SF – SA**

Parte 5

El saldo final (SF) de las cuentas de patrimonio se determina de la misma manera que las cuentas de pasivos (*véase* la ecuación (2) en la Parte 2). En particular, en esta sección se solicita determinar el saldo inicial (SI) de las cuentas "capital" y "resultados acumulados", las que presentan un saldo acreedor (SA).

Incógnita E:

El enunciado proporciona la siguiente información acerca de la cuenta "capital" para 2023:

- El saldo final es de $15.500.
- No hay disminuciones de capital ("cargos").
- Se realizó un aporte de capital de $4.000 en efectivo ("abonos"), cuya transacción se contabiliza mediante el siguiente asiento:

#	Fecha	Cuentas	Debe	Haber
1	Año 2023	Efectivo	$4.000	
		Capital		$4.000
	Glosa: Aportes de capital en efectivo.			

Luego, de acuerdo con la ecuación (2) de la Parte 2, el saldo inicial de 2023 de esta cuenta (*Incógnita E*) se determina de la siguiente forma:

$$SF_{2023} = SI_{2023} + \text{Aportes de Capital}_{2023} - \text{Disminuciones de Capital}_{2023}$$

$$SF_{2023} = E_{2023} + \text{Aportes de Capital}_{2023} - \text{Disminuciones de Capital}_{2023}$$

Despejando la *Incógnita E*:

$$E_{2023} = SF_{2023} - \text{Aportes de Capital}_{2023} + \text{Disminuciones de Capital}_{2023}$$

Sustituyendo las variables por sus montos para determinar la *Incógnita E*:

$$E_{2023} = \$15.500 - \$4.000 + 0$$

$$E_{2023} = \$11.500$$

Por tanto, el saldo inicial de la cuenta "capital" de Carozzi S.A. asciende a $11.500 (*Incógnita E*) en 2023 y su "mayor" para ese año queda estructurado como se presenta a continuación:

Capital		
Debe	**Haber**	
	E = $11.500	**SI**
	$4.000	(1)
$0	**$15.500**	
	$15.500	**SF – SA**

Incógnita G:
La utilidad del ejercicio es de $5.650 en 2023, calculada a partir del Estado de Resultados de ese año. Este estado financiero se presenta a continuación:

Estado de Resultados – Carozzi S.A. **Para el año 2023**	
Ingreso por venta	$10.250
Costo de venta	($3.000)
Ganancia bruta	**$7.250**
Gasto de sueldos	($700)
Gasto de servicios básicos (SSBB)	($300)
Gasto de seguros	($200)
Gasto de arriendo	($450)
Utilidad por venta de terrenos	$200
Resultado operacional (EBIT)	**$5.800**
Gasto financiero	($150)
Utilidad del ejercicio	**$5.650**

Respecto de la cuenta de patrimonio "resultados acumulados", se conoce para 2023:

- El saldo final es de $6.380.
- Se "abonan" $5.650 por el traspaso de la utilidad del ejercicio a la cuenta "resultados acumulados", lo que se realiza por medio del asiento de cierre de las cuentas de resultados al finalizar el 2023. Este último asiento se presenta a continuación:

#	Fecha	Cuentas	Debe	Haber
1	31/Dic/2023	Ingreso por venta	$10.250	
		Utilidad por venta de terrenos	$200	
		Resultados acumulados		$5.650
		Costo de venta		$3.000
		Gasto de sueldos		$700
		Gasto de SSBB		$300
		Gasto de seguros		$200
		Gasto de arriendo		$450
		Gasto financiero		$150
	Glosa: Cierre de las cuentas de resultados de 2023.			

En cuanto a los dividendos declarados por Carozzi S.A. en 2023, en el enunciado no se proporciona dicha información. Pero este dato se puede obtener de los movimientos en 2023 del pasivo "dividendos por pagar", los que se presentan en los siguientes asientos:

#	Fecha	Cuentas	Debe	Haber
2	Año 2023	Resultados acumulados	$X	
		Dividendos por pagar		$X
	Glosa: Dividendos declarados en 2023.			
3	Año 2023	Dividendos por pagar	$70	
		Efectivo		$70
	Glosa: Pagos de dividendos, presentados en salidas de efectivo.			

En el primer asiento se contabilizan los dividendos declarados, que, en este caso, se debe determinar su monto (*Incógnita X*). En cambio, en el segundo asiento se registran los dividendos declarados y pagados, que según los movimientos de efectivo de 2023 corresponden a $70. En consecuencia, los dividendos declarados en 2023 se obtienen a partir de los "abonos" contabilizados en el pasivo "dividendos por pagar" por Carozzi S.A. en ese año.

Para el pasivo "dividendos por pagar", que tiene un saldo acreedor, se conoce para 2023 lo siguiente:

- El saldo inicial es de $120.
- El saldo final es de $250.
- Los dividendos pagados son de $70.

Por tanto, los “abonos” (*Incógnita X*) registrados en 2023 se pueden determinar, según la ecuación (2) de la Parte 2, como sigue:

$$SF_{2023} = SI_{2023} + \text{Dividendos Declarados}_{2023} - \text{Pagos de Dividendos}_{2023}$$

$$SF_{2023} = SI_{2023} + X_{2023} - \text{Pagos de Dividendos}_{2023}$$

Despejando la *Incógnita X*:

$$X_{2023} = SF_{2023} - SI_{2023} + \text{Pagos de Dividendos}_{2023}$$

Sustituyendo las variables por sus montos para determinar la *Incógnita X*:

$$X_{2023} = \$250 - \$120 + \$70$$

$$X_{2023} = \$200$$

Por esta razón, los dividendos declarados por Carozzi S.A. corresponden a $200 en 2023 (*Incógnita X*). Así, el “mayor” del pasivo “dividendos por pagar” en ese año queda de la siguiente forma:

	Dividendos por pagar		
	Debe	**Haber**	
		$120	**SI**
(3)	$70	$200	(2)
	$70	**$320**	
		$250	**SF - SA**

Luego, de acuerdo con la ecuación (2) de Parte 2, el saldo inicial de 2023 de la cuenta “resultados acumulados” (*Incógnita G*) se determina de la siguiente forma:

$$SF_{2023} = SI_{2023} + \text{Utilidad del Ejercicio}_{2023} - \text{Dividendos Declarados}_{2023}$$

$$SF_{2023} = G_{2023} + \text{Utilidad del Ejercicio}_{2023} - \text{Dividendos Declarados}_{2023}$$

Despejando la *Incógnita G*:

$$G_{2023} = SF_{2023} - \text{Utilidad del Ejercicio}_{2023} + \text{Dividendos Declarados}_{2023}$$

Sustituyendo las variables por sus montos para determinar la *Incógnita G*:

$$G_{2023} = \$6.380 - \$5.650 + \$200$$

$$G_{2023} = \$930$$

En resumen, el saldo inicial de la cuenta de patrimonio "resultados acumulados" de Carozzi S.A. es de $930 (*Incógnita G*) en 2023 y su "mayor" para ese año queda estructurado como sigue:

	Resultados acumulados		
	Debe	**Haber**	
		G = $930	**SI**
(2)	$200	$5.650	(1)
	$200	**$6.580**	
		$6.380	**SF – SA**

Parte 6

Para la elaboración del Estado de Situación Financiera de Carozzi S.A. al 31 de diciembre de 2023, se asume que todas las cuentas de activos y pasivos son corrientes, excepto el activo "terrenos" que por su naturaleza son activos de largo plazo y el pasivo "préstamos por pagar" que se pagará el 50 % del saldo en 2024 y el resto en 2025. Es decir, el saldo de "préstamos por pagar" de corto plazo es de $750.

A continuación se presenta dicho estado financiero:

Estado de Situación Financiera – Carozzi S.A. Al 31 de diciembre de 2023			
ACTIVOS		**PASIVOS**	
Activo corriente		**Pasivo corriente**	
Efectivo	$10.870	Préstamos por pagar	$750
Cuentas por cobrar	$5.000	Intereses por pagar	$90
Inventario	$800	Cuentas por pagar	$2.250
Anticipos a proveedores	$400	Sueldos por pagar	$200
Arriendos pagados por anticipado	$150	Ingresos recibidos por anticipado	$50
Total activo corriente	**$17.220**	Dividendos por pagar	$250
		Total pasivo corriente	**$3.590**
Activo no corriente			
Terrenos	$9.000	**Pasivo no corriente**	
Total activo no corriente	**$9.000**	Préstamos por pagar	$750
		Total pasivo corriente	**$750**
		Total pasivos	**$4.340**
		PATRIMONIO	
		Capital	$15.500
		Resultados acumulados	$6.380
		Total patrimonio	**$21.880**
Total activos	**$26.220**	**Total pasivos y patrimonio**	**$26.220**

Parte 7

Para la elaboración del Estado de Flujos de Efectivo de Carozzi S.A. para 2023 se clasifican en operación, inversión y financiamiento las entradas y salidas de efectivo ocurridas en ese año, como se muestra a continuación:

Flujos de efectivo	Entrada o salida	Actividad	Monto
Pagos del principal de préstamos	Salida	Financiamiento	$500
Pagos de sueldos	Salida	Operación	$600
Pagos de intereses de préstamos	Salida	Financiamiento	$60
Anticipos pagados a proveedores de inventario	Salida	Operación	$400
Pagos de deudas a proveedores de inventario	Salida	Operación	$900
Pagos de servicios básicos	Salida	Operación	$300
Pagos de seguros	Salida	Operación	$200
Pagos de dividendos	Salida	Financiamiento	$70
Anticipos de clientes recibidos	Entrada	Operación	$200
Préstamos bancarios obtenidos	Entrada	Financiamiento	$400
Ventas de terrenos	Entrada	Inversión	$1.200
Cobros a clientes	Entrada	Operación	$6.000
Aportes de capital	Entrada	Financiamiento	$4.000

Tras este análisis, este estado financiero para Carozzi S.A. queda estructurado de la siguiente manera:

Estado de Flujos de Efectivo – Carozzi S.A. Para el año 2023	
Actividades de operación	
Cobros a clientes	$6.200
Pagos a proveedores	($1.300)
Pagos de sueldos	($600)
Pagos de servicios básicos	($300)
Pagos de seguros	($200)
Flujo neto de actividades de operación	**$3.800**
Actividades de inversión	
Ventas de terrenos	$1.200
Flujo neto de actividades de inversión	**$1.200**
Actividades de financiamiento	
Aportes de capital	$4.000
Préstamos recibidos	$400
Pagos de préstamos	($500)
Pagos de intereses	($60)
Pagos de dividendos	($70)
Flujo neto de actividades de financiamiento	**$3.770**
Variación neta de efectivo	**$8.770**
Saldo inicial de efectivo	$2.100
Saldo final de efectivo	**$10.870**

El cobro a clientes por $6.200 incluye $200 de los anticipos recibidos de clientes. En cambio, el pago a proveedores de $1.300 corresponde a la suma de los anticipos realizados por $400 y el pago de cuentas por pagar por $900.

El efectivo aumenta en 2023 en $8.770 como lo indica la variación neta de efectivo, pasando de $2.100 al inicio de año a $10.870 al cierre de 2023. Esta variación positiva se explica por flujos positivos de operación por $3.800, inversión por $1.200 y financiamiento por $3.770. Las principales entradas de efectivo son el cobro de clientes por $6.200 y los aportes de capital por $4.000 en el transcurso de 2023. En cambio, las salidas de dinero más relevantes durante 2023 corresponden a los pagos realizados a proveedores de inventario por $1.300 y el pago de gastos operacionales (sueldos, servicios básicos y seguros) que suman $1.100.

Ejercicio 3

Se presentan a continuación los saldos de las cuentas utilizadas para elaborar el Estado de Situación Financiera al 31 de diciembre de 2022 de Bazar Ltda., una empresa que se dedica a la venta de lápices Bic:

Cuentas	Saldo
Cuentas por cobrar (1)	$403.600
Efectivo	$951.300
Capital	$952.800
Depósitos a plazo (2)	$101.500
Edificios	$500.000
Resultados acumulados	$890.000
Inventario (3)	$121.900
Ingresos recibidos por anticipado (4)	$14.800
Depreciación acumulada	$23.000
Arriendos pagados por anticipado (5)	$1.800
Cuentas por pagar (1)	$45.750
Préstamos por pagar (6)	$150.000
Intereses por pagar (6)	$3.750

Información relevante respecto de los saldos anteriores, expresados en sus notas:

1. Todos los cobros y pagos se realizan en un periodo menor a doce meses.
2. Se tomó el depósito en el Banco BCI por $100.000 el 1 de octubre de 2022, con una tasa de interés simple del 0,5 % mensual por un plazo de seis meses.
3. El inventario incluye 1.219 lápices Bic con un costo de $100 cada uno.
4. El saldo total corresponde al cliente José Sánchez por la reserva de 74 lápices Bic a un precio de venta de $200 cada uno, que se entregarán en 2023.
5. Quedan treinta y seis meses por utilizar a partir del 31 de diciembre de 2022.

6. Restan por pagar tres cuotas (interés y amortización) del préstamo con vencimientos el 31 de enero de 2023, 31 de julio de 2023 y 31 de enero de 2024. La tasa de interés simple es del 3 % semestral. La amortización del principal es de $50.000 en cada cuota y la última cuota se pagó el 31 de julio de 2022. Existen intereses devengados que se pagarán con el pago de la cuota del 31 de enero de 2023, correspondientes desde agosto hasta diciembre de 2022.

Transacciones realizadas en 2023:

- *15 de enero.* Se declaran dividendos por un monto de $15.000, cuya fecha de pago es el 10 de marzo de 2023.
- *31 de enero.* Se realiza el pago de la cuota correspondiente al préstamo bancario, la que incluye los intereses adeudados al 31 de diciembre de 2022.
- *10 de marzo.* Se procede al pago de los dividendos que fueron declarados el 15 de enero de 2023.
- *31 de marzo.* Se liquida el depósito a plazo tomado con el Banco BCI.
- *1 de abril.* Se toma un depósito a plazo por $20.000 en el Banco de Chile, con un plazo de doce meses y una tasa de interés simple anual del 6 %.
- *18 de mayo.* Se entrega a José Sánchez el total de los lápices Bic que había reservado.
- *20 de junio.* Se cobra el total del saldo de las cuentas por cobrar a esa fecha.
- *22 de junio.* Se realiza el pago total del saldo de las cuentas por pagar a esa fecha.
- *30 de junio.* Se reconocen los sueldos del primer semestre de 2023 por $20.000. De este monto, se pagan $15.000 y el monto restante se pagará el 24 de julio de 2023.
- *24 de julio.* Se pagan los sueldos del primer semestre de 2023 que quedaron pendientes de pago.
- *31 de julio.* Se realiza el pago de la cuota del préstamo bancario.
- *1 de agosto.* Se compra a crédito 100 lápices Bic a $100 cada uno.
- *15 de septiembre.* Se realiza un anticipo de $15.000 al proveedor de Lápices Bic correspondientes a 150 unidades a un costo de $100 cada uno.
- *22 de octubre.* Se realiza una venta a crédito de 700 lápices Bic a $200 cada uno.
- *20 de diciembre.* Se reciben $30.000 del cliente Esteban Morales por 150 lápices Bic a entregar en enero de 2024.
- *22 de diciembre.* Se reciben 70 lápices del proveedor de lápices Bic que previamente habían sido reservados a un costo de $100 cada uno.
- *31 de diciembre.* Se reconoce la depreciación de los edificios de 2023 por $4.000.

- *31 de diciembre.* Se reconocen los sueldos del segundo semestre de 2023 por $20.000. De esto monto, se pagan $15.000 y el saldo restante se pagará en enero de 2024.
- *31 de diciembre.* Se contabilizan los ajustes restantes derivados del enunciado. En particular, se debe reconocer el devengado de los arriendos y los intereses tanto del depósito a plazo como del préstamo bancario.

SE PIDE:

1. Preparar el Estado de Situación Financiera de Bazar Ltda. al 31 de diciembre de 2022.
2. Preparar el libro diario de Bazar Ltda. para 2023.
3. Preparar el libro mayor de Bazar Ltda. para 2023
4. Preparar el Estado de Resultados de Bazar Ltda. para 2023.
5. Preparar el Estado de Situación Financiera de Bazar Ltda. al 31 de diciembre de 2023.
6. Preparar el Estado de Flujos de Efectivo de Bazar Ltda. para 2023.
7. Realizar el asiento de cierre de las cuentas de resultados de Bazar Ltda. de 2023.
8. Realizar el asiento de cierre de las cuentas de activos, pasivos y patrimonio de Bazar Ltda. al 31 de diciembre de 2023.
9. Realizar el asiento de apertura de 2024 de las cuentas del Estado de Situación Financiera de Bazar Ltda.

DESARROLLO DEL EJERCICIO:

Parte 1

Se presenta a continuación el Estado de Situación Financiera de Bazar Ltda. al 31 de diciembre de 2022:

Estado de Situación Financiera – Bazar Ltda. Al 31 de diciembre de 2022			
ACTIVOS		**PASIVOS**	
Activo corriente		**Pasivo corriente**	
Efectivo	$951.300	Préstamos por pagar	$100.000
Depósitos a plazo	$101.500	Intereses por pagar	$3.750
Cuentas por cobrar	$403.600	Cuentas por pagar	$45.750
Inventario	$121.900	Ingresos recibidos por anticipado	$14.800
Arriendos pagados por anticipado	$600	**Total pasivo corriente**	**$164.300**
Total activo corriente	**$1.578.900**		
		Pasivo no corriente	
Activo no corriente		Préstamos por pagar	$50.000
Edificios	$500.000	**Total pasivo no corriente**	**$50.000**
Depreciación acumulada	($23.000)		
Arriendos pagados por anticipado	$1.200	**Total pasivos**	**$214.300**
Total activo no corriente	**$478.200**		
		PATRIMONIO	
		Capital	$952.800
		Resultados acumulados	$890.000
		Total patrimonio	**$1.842.800**
Total activos	**$2.057.100**	**Total pasivos y patrimonio**	**$2.057.100**

Del Estado de Situación Financiera se pueden destacar los siguientes aspectos:

- El saldo del activo "depósitos a plazo" incluye $1.500 (0,5 % x $100.000 x 3 meses) de intereses ganados en el cuarto trimestre de 2022.
- El saldo del activo "arriendos pagados por anticipado" (APPA) de $1.800 representa treinta y seis meses de arriendos que se pagaron por adelantado. De este total, los doce meses que se consumirán en 2023 se clasifican como activo corriente ($600), mientras que los dos años restantes se consideran como activo no corriente ($1.200), debido a que su consumo se extiende más allá de los doce meses a partir del 31 de diciembre de 2022.
- El saldo del pasivo "préstamos por pagar" de $150.000 se divide en corto y largo plazo. Se pagarán $100.000 en los próximos doce meses desde el cierre de 2022, específicamente el 31 de enero y el 31 de julio de 2023. Los $50.000 restantes se

pagarán el 31 de enero de 2024, es decir, en un periodo superior a doce meses desde el cierre de 2022.

- El saldo del pasivo "intereses por pagar" de $3.750 refleja los intereses devengados desde agosto hasta diciembre de 2022 (cinco meses). Estos intereses, que serán pagados el 31 de enero de 2023, se calculan multiplicando el saldo adeudado de $150.000 por una tasa de interés simple mensual del 0,5 % (3 % / 6 meses) durante 5 meses.
- El pasivo "ingresos recibidos por anticipado" (IRPA) se clasifica como corriente, porque los 74 lápices reservados por José Sánchez se entregarán en 2023.

Parte 2

El libro diario de 2023 de Bazar Ltda. es el siguiente:

#	Fecha	Cuentas	Debe	Haber
1	15/Ene/2023	Resultados acumulados	$15.000	
		Dividendos por pagar		$15.000
	Glosa: Dividendos declarados.			
2	31/Ene/2023	Gasto financiero	$750	
		Intereses por pagar	$3.750	
		Préstamos por pagar	$50.000	
		Efectivo		$54.500
	Glosa: Pago de la cuota del préstamo bancario y sus intereses adeudados.			
3	10/Mar/2023	Dividendos por pagar	$15.000	
		Efectivo		$15.000
	Glosa: Pago de dividendos.			
4	31/Mar/2023	Efectivo	$103.000	
		Depósitos a plazo		$101.500
		Ingreso financiero		$1.500
	Glosa: Liquidación del depósito a plazo.			
5	1/Abr/2023	Depósitos a plazo	$20.000	
		Efectivo		$20.000
	Glosa: Toma de depósito a plazo.			
6	18/May/2023	IRPA	$14.800	
		Ingreso por venta		$14.800
		Costo de venta	$7.400	
		Inventario		$7.400
	Glosa: Entrega de lápices que fueron pagados por anticipado.			
7	20/Jun/2023	Efectivo	$403.600	
		Cuentas por cobrar		$403.600
	Glosa: Cobros de cuentas por cobrar a clientes.			
8	22/Jun/2023	Cuentas por pagar	$45.750	
		Efectivo		$45.750
	Glosa: Pagos de cuentas por pagar a proveedores de inventario.			

#	Fecha	Cuentas		Debe	Haber
9	30/Jun/2023	Gasto de sueldos		$20.000	
			Efectivo		$15.000
			Sueldos por pagar		$5.000
	Glosa: Reconocimiento de los sueldos del primer semestre de 2023.				
10	24/Jul/2023	Sueldos por pagar		$5.000	
			Efectivo		$5.000
	Glosa: Pago de sueldos adeudados.				
11	31/Jul/2023	Gasto financiero		$3.000	
		Préstamos por pagar		$50.000	
			Efectivo		$53.000
	Glosa: Pago de la cuota del préstamo bancario.				
12	1/Ago/2023	Inventario		$10.000	
			Cuentas por pagar		$10.000
	Glosa: Compra de inventario a crédito.				
13	15/Sep/2023	Anticipos a proveedores		$15.000	
			Efectivo		$15.000
	Glosa: Anticipos pagados a proveedores.				
14	22/Oct/2023	Cuentas por cobrar		$140.000	
			Ingreso por venta		$140.000
		Costo de venta		$70.000	
			Inventario		$70.000
	Glosa: Ventas de inventario a crédito.				
15	20/Dic/2023	Efectivo		$30.000	
			IRPA		$30.000
	Glosa: Anticipos de clientes recibidos.				
16	22/Dic/2023	Inventario		$7.000	
			Anticipos a proveedores		$7.000
	Glosa: Inventario recibido y que fue pagado por anticipado.				
17	31/Dic/2023	Gasto de depreciación		$4.000	
			Depreciación acumulada		$4.000
	Glosa: Devengo de la depreciación de 2023.				
18	31/Dic/2023	Gasto de sueldos		$20.000	
			Efectivo		$15.000
			Sueldos por pagar		$5.000
	Glosa: Reconocimiento de los sueldos del segundo semestre de 2023.				
19	31/Dic/2023	Gasto de arriendo		$600	
			APPA		$600
	Glosa: Devengo del consumo de arriendos que fueron pagados por anticipado.				
20	31/Dic/2023	Gasto financiero		$1.250	
			Intereses por pagar		$1.250
	Glosa: Devengo de intereses del préstamo bancario.				
21	31/Dic/2023	Depósitos a plazo		$900	
			Ingreso financiero		$900
	Glosa: Reconocimiento de los intereses ganados por invertir en depósitos a plazo.				

Algunos comentarios de la solución planteada anteriormente son:

- En el asiento # 2 se pagan los intereses de los últimos seis meses, que abarcan desde agosto de 2022 a enero de 2023, por $4.500. De este monto, cinco meses de intereses ya se habían reconocidos en 2022 y se reflejaron en el pasivo "intereses por pagar" por $3.750. Por tanto, aún queda por devengar el interés de enero de 2023 por $750 ($150.000 x 0,5 % x 1 mes). Además, se amortiza en $50.000 la deuda del préstamo, resultado en un saldo pendiente de pago de $100.000.
- En el asiento # 4 se liquida el depósito a plazo que se tomó en el Banco BCI. El monto total recibido es de $103.000, el que incluye $100.000 correspondientes al depósito inicial y $3.000 atribuibles a los intereses ganados de los seis meses que duró la inversión. Del monto total de intereses, $1.500, se reconocieron en 2022, mientras que los restantes $1.500 ($100.000 x 0,5 % x 3 meses) son los intereses ganados en el primer trimestre de 2023.
- En el asiento # 11 se reconocen los intereses de seis meses del préstamo bancario, desde febrero a julio de 2023, los que suman $3.000. Para calcular este monto se multiplica la tasa de interés simple mensual del 0,5 % durante seis meses sobre un saldo adeudado de $100.000. Adicionalmente se amortizan otros $50.000 de la deuda del préstamo bancario, quedando un saldo pendiente de pago de $50.000.
- En el asiento # 19 se registra el devengo de los arriendos consumidos en 2023, los que se habían pagado por anticipado. El saldo de $1.800 representaba el pago por anticipado de treinta y seis meses al 31 de diciembre de 2022, lo que genera un gasto mensual de arriendo de $50 ($1.800 / 36 meses). En consecuencia, el monto devengado en 2023 es de $600 ($50 x 12 meses).
- En el asiento # 20 se devengan los intereses del préstamo bancario por el periodo comprendido entre agosto y diciembre de 2023, cuyo pago se realizará el 31 de enero de 2024. El monto de $1.250 se calcula multiplicando el saldo adeudado de $50.000 por una tasa de interés simple del 0,5 % mensual por un periodo de cinco meses.
- En el asiento # 21 se reconocen los intereses ganados del depósito a plazo realizado el 1 de abril de 2023 con el Banco Chile. Estos intereses corresponden a un periodo de nueve meses, desde abril hasta diciembre de 2023, por $900 ($20.000 x 0,5 % x 9 meses). La contraparte del "ingreso financiero" es el activo "depósitos a plazo", debido a que los intereses solamente se cobran al vencimiento, que, en este caso, ocurre tres meses después del 31 de diciembre de 2023.

Parte 3

A continuación se presenta el libro mayor de 2023 para Bazar Ltda.:

Cuentas de activos:

Depósitos a plazo

	Debe	Haber	
SI	$101.500		
(5)	$20.000	$101.500	(4)
(21)	$900		
	$122.400	**$101.500**	
SD – SF	**$20.900**		

Inventario

	Debe	Haber	
SI	$121.900		
(12)	$10.000	$7.400	(6)
(16)	$7.000	$70.000	(14)
	$138.900	**$77.400**	
SD – SF	**$61.500**		

Anticipos a proveedores

	Debe	Haber	
SI	$0		
(13)	$15.000	$7.000	(16)
	$15.000	**$7.000**	
SD – SF	**$8.000**		

Cuentas por cobrar

	Debe	Haber	
SI	$403.600		
(14)	$140.000	$403.600	(7)
	$543.600	**$403.600**	
SD – SF	**$140.000**		

APPA

	Debe	Haber	
SI	$1.800		
		$600	(19)
	$1.800	**$600**	
SD – SF	**$1.200**		

Edificios

	Debe	Haber	
SI	$500.000		
	$500.000	**$0**	
SD – SF	**$500.000**		

Efectivo

	Debe	Haber	
SI	$951.300		
(4)	$103.000	$54.500	(2)
(7)	$403.600	$15.000	(3)
(15)	$30.000	$20.000	(5)
		$45.750	(8)
		$15.000	(9)
		$5.000	(10)
		$53.000	(11)
		$15.000	(13)
		$15.000	(18)
	$1.487.900	**$238.250**	
SD – SF	**$1.249.650**		

Depreciación acumulada

Debe	Haber	
	$23.000	SI
	$4.000	(17)
$0	**$27.000**	
	$27.000	SF – SA

Cuentas de pasivos y patrimonio:

Préstamos por pagar

	Debe	Haber	
		$150.000	**SI**
(2)	$50.000		
(11)	$50.000		
	$100.000	**$150.000**	
		$50.000	**SF – SA**

Intereses por pagar

	Debe	Haber	
		$3.750	**SI**
(2)	$3.750	$1.250	(20)
	$3.750	**$5.000**	
		$1.250	**SF – SA**

Cuentas por pagar

	Debe	Haber	
		$45.750	**SI**
(8)	$45.750	$10.000	(12)
	$45.750	**$55.750**	
		$10.000	**SF – SA**

Sueldos por pagar

	Debe	Haber	
		$0	**SI**
(10)	$5.000	$5.000	(9)
		$5.000	(18)
	$5.000	**$10.000**	
		$5.000	**SF – SA**

IRPA

	Debe	Haber	
		$14.800	**SI**
(6)	$14.800	$30.000	(15)
	$14.800	**$44.800**	
		$30.000	**SF – SA**

Dividendos por pagar

	Debe	Haber	
		$0	**SI**
(3)	$15.000	$15.000	(1)
	$15.000	**$15.000**	
		$0	**SF – SA**

Capital

	Debe	Haber	
		$952.800	**SI**
	$0	**$952.800**	
		$952.800	**SF – SA**

Resultados acumulados

	Debe	Haber	
		$890.000	**SI**
(1)	$15.000		
	$15.000	**$890.000**	
		$875.000	**SF – SA**

Cuentas de ingresos y gastos:

Ingreso por venta

	Debe	Haber	
		$0	SI
		$14.800	(6)
		$140.000	(14)
	$0	**$154.800**	
		$154.800	SF – SA

Costo de venta

	Debe	Haber
SI	$0	
(6)	$7.400	
(14)	$70.000	
	$77.400	$0
SD – SF	**$77.400**	

Gasto de sueldos

	Debe	Haber
SI	$0	
(9)	$20.000	
(18)	$20.000	
	$40.000	$0
SD – SF	**$40.000**	

Gasto de depreciación

	Debe	Haber
SI	$0	
(17)	$4.000	
	$4.000	$0
SD – SF	**$4.000**	

Gasto de arriendo

	Debe	Haber
SI	$0	
(19)	$600	
	$600	$0
SD – SF	**$600**	

Ingreso financiero

	Debe	Haber	
		$0	SI
		$1.500	(4)
		$900	(21)
	$0	**$2.400**	
		$2.400	SF – SA

Gasto financiero

	Debe	Haber
SI	$0	
(2)	$750	
(11)	$3.000	
(20)	$1.250	
	$5.000	$0
SD – SF	**$5.000**	

Se observa que las cuentas de activos y gastos presentan un saldo deudor (SD), con la excepción de la cuenta complementaria de activo "depreciación acumulada", la que muestra un saldo acreedor (SA). Esto se debe a que la "depreciación acumulada" reduce el valor de los activos clasificados como propiedades, plantas y equipos. Por su parte, las cuentas de pasivos, patrimonio e ingresos tienen un saldo acreedor.

Además, se observa que las cuentas de ingresos y gastos no tienen un saldo inicial (SI). En cambio, el saldo inicial de las cuentas de activos, pasivos y patrimonio en 2023 corresponde al saldo final (SF) de 2022. Por su lado, los "cargos" y "abonos" de cada cuenta coinciden con los registrados en el libro diario.

Por último, es importante mencionar que en el "mayor" de "resultados acumulados" aún no se ha incluido el resultado del ejercicio de 2023, para ello se debe registrar el asiento de cierre del ejercicio contable 2023. Este procedimiento se explica en la Parte 7 de este ejercicio.

Parte 4

Al considerar solamente los saldos de las cuentas de ingresos y gastos del libro mayor, se elabora el Estado de Resultados de Bazar Ltda. para 2023. Este se presenta a continuación:

Estado de Resultados – Bazar Ltda. Para el año 2023	
Ingreso por venta	$154.800
Costo de venta	($77.400)
Ganancia bruta	**$77.400**
Gasto de sueldos	($40.000)
Gasto de depreciación	($4.000)
Gasto de arriendo	(600)
Resultado operacional (EBIT)	**$32.800**
Ingreso financiero	$2.400
Gasto financiero	($5.000)
Utilidad del ejercicio	**$30.200**

Las cuentas de resultados "ingreso financiero" y "gasto financiero" no son ingresos y gastos operacionales, respectivamente. Por consiguiente, estas cuentas se tienen que presentar en el Estado de Resultados después del resultado operacional (EBIT por sus siglas en inglés), afectando únicamente a la utilidad o pérdida del ejercicio. En este caso, se observa que Bazar Ltda. tiene una ganancia bruta de $77.400 y que al descontarle los gastos de administración y ventas (GAV), así como sueldos, depreciación y arriendo, resulta en un resultado operacional positivo de $32.800. Luego, al restar los gastos financieros netos ("gasto financiero" – "ingreso financiero" = $5.000 – $2.400 = $2.600) al EBIT, se obtiene una utilidad del ejercicio de $30.200.

El margen bruto es de 50 % (Ganancia Bruta / Ingreso por Venta = $77.400 / $154.800). Por su parte, el margen operacional es de 21,2 % (EBIT / Ingreso por Venta = $32.800 / $154.800). Finalmente, el margen neto es de 19,5 % (Utilidad del Ejercicio / Ingreso por Venta = $30.200 / $154.800), respectivamente. Estos indicadores permiten inferir que el desempeño de Bazar Ltda. ha sido rentable en 2023.

Parte 5

El Estado de Situación Financiera incluye las cuentas de activos, pasivos y patrimonio. Por tanto, este estado financiero para Bazar Ltda. con fecha al 31 de diciembre de 2023 se presenta de la siguiente manera:

Estado de Situación Financiera – Bazar Ltda. Al 31 de diciembre de 2023			
ACTIVOS		**PASIVOS**	
Activo corriente		**Pasivo corriente**	
Efectivo	$1.249.650	Préstamos por pagar	$50.000
Depósitos a plazo	$20.900	Intereses por pagar	$1.250
Cuentas por cobrar	$140.000	Cuentas por pagar	$10.000
Anticipos a proveedores	$8.000	Sueldos por pagar	$5.000
Inventario	$61.500	Ingresos recibidos por anticipado	$30.000
Arriendos pagados por anticipado	$600	**Total pasivo corriente**	**$96.250**
Total activo corriente	**$1.480.650**		
		Total pasivos	**$96.250**
Activo no corriente			
Edificios	$500.000	**PATRIMONIO**	
Depreciación acumulada	($27.000)	Capital	$952.800
Arriendos pagados por anticipado	$600	Resultados acumulados	$905.200
Total activo no corriente	**$473.600**	**Total patrimonio**	**$1.858.000**
Total activos	**$1.954.250**	**Total pasivos y patrimonio**	**$1.954.250**

Algunos comentarios para destacar acerca de los saldos del Estado de Situación Financiera presentado son:

- El saldo del activo "anticipos a proveedores" de $8.000 indica que aún quedan por recibir del proveedor 80 unidades de lápices de la marca Bic. Estos lápices se pagaron por anticipado a un costo de $100 cada uno. Inicialmente, el anticipo cubría 150 lápices, pero en 2023 se recibieron 70 lápices del proveedor.
- El saldo del activo "arriendos pagados por anticipado" (APPA) de $1.200 corresponde a los veinticuatro meses de arriendos que le restan por utilizar, los que se pagaron por anticipado. De este monto, $600 se consumirán en 2024 y el resto en 2025. Por ello, $600 se clasifican como activo corriente y el monto restante como un activo no corriente.
- El pasivo "préstamos por pagar" se clasifica en pasivos corrientes, ya que su saldo de $50.000 se liquidará el 31 de enero de 2024.

- El saldo del pasivo "ingresos recibidos por anticipado" (IRPA) por un monto de $30.000 refleja la obligación de Bazar Ltda. de entregar 150 lápices Bic al cliente Esteban Morales en 2024.
- El saldo de la cuenta de patrimonio "resultados acumulados" (RA) se determina al cierre de 2023 mediante la siguiente ecuación:

$$RA_{2023} = RA_{2022} + \text{Utilidad del Ejercicio}_{2023} + \text{Dividendos Declarados}_{2023}$$

$$RA_{2023} = \$890.000 + \$30.200 - \$15.000$$

$$RA_{2023} = \$905.200$$

Parte 6

A continuación se presenta el detalle de cada movimiento registrado en el "mayor" de la cuenta del activo "efectivo" durante 2023:

	Efectivo		
	Debe	**Haber**	
Saldo inicial	**$951.300**		
Liquidación de depósito a plazo (4)	$103.000	$54.500	(2) Amortización e intereses del préstamo
Cobros de cuentas por cobrar a clientes (7)	$403.600	$15.000	(3) Dividendos
Anticipos recibidos de clientes (15)	$30.000	$20.000	(5) Inversión en depósitos a plazo
		$45.750	(8) Pagos de cuentas por pagar a proveedores
		$15.000	(9) Pagos de sueldos
		$5.000	(10) Pagos de sueldos
		$53.000	(11) Amortización e intereses del préstamo
		$15.000	(13) Anticipos pagados a proveedores
		$15.000	(18) Pago de sueldos
	$1.487.900	**$238.250**	
Saldo final	**$1.249.650**		

Agrupando y separando algunas cifras contabilizadas en el "mayor" de "efectivo" de Bazar Ltda. en 2023, se tiene lo siguiente:

- Los cobros a clientes totalizan $433.600, los que acumulan los cobros de cuentas por cobrar por $403.600 del asiento # 7 más los anticipos de clientes de $30.000 del asiento # 15.
- Los pagos realizados a proveedores son de $60.750, que incluyen el pago de cuentas por pagar registrado en el asiento # 8 por $45.750 más el pago de $15.000 registrados en el asiento # 13 por anticipos a proveedores.
- Los pagos de sueldos suman $35.000, cuyos desembolsos se registraron en los asientos # 9, 10 y 18.

- Los pagos de préstamos bancarios son de $100.000 que incluyen $50.000 del asiento # 2 y otros $50.000 registrados en el asiento # 11. Por tanto, los intereses pagados correspondientes al préstamo bancario son por $7.500 ($4.500 del asiento # 2 y $3.000 del asiento # 11).
- De los $103.000 que se reciben por la liquidación del depósito a plazo, $100.000 corresponde al depósito inicial y $3.000 a intereses.

Por tanto, el Estado de Flujos de Efectivo de Bazar Ltda. de 2023, que se elabora a partir de los movimientos registrados en el "mayor" del activo "efectivo", queda estructurado de la siguiente manera:

Estado de Flujos de Efectivo – Bazar Ltda. Para el año 2023	
Actividades de operación	
Cobros a clientes	$433.600
Pagos a proveedores	($60.750)
Pagos de sueldos	($35.000)
Flujo neto de actividades de operación	**$337.850**
Actividades de inversión	
Inversiones en depósitos a plazo	($20.000)
Liquidación de depósitos a plazo	$100.000
Intereses recibidos de depósitos a plazo	$3.000
Flujo neto de actividades de inversión	**$83.000**
Actividades de financiamiento	
Pagos de préstamos	($100.000)
Pagos de intereses	($7.500)
Pagos de dividendos	($15.000)
Flujo neto de actividades de financiamiento	**($122.500)**
Variación neta de efectivo	**$298.350**
Saldo inicial de efectivo	$951.300
Saldo final de efectivo	**$1.249.650**

En el Estado de Flujos de Efectivo de Bazar Ltda. se observa que el efectivo aumentó en $298.350 en 2023 como se presenta en la variación neta de efectivo, pasando de $951.300 al inicio de año a $1.249.650 al cierre de 2023. Este incremento se explica principalmente por el flujo neto positivo de las actividades de operación por $337.850, siendo la principal entrada el cobro a clientes de $433.600, y, en menor grado, por el flujo neto positivo de las actividades de inversión de $83.000. En cambio, el flujo neto resultante de las actividades de financiamiento fue negativo por $122.500, compensando parcialmente los flujos positivos de las actividades de operación e inversión. La salida de dinero más relevante en las actividades de financiamiento es el pago del principal de préstamos bancarios por $100.000.

Parte 7
A continuación se presenta el asiento de cierre de las cuentas de ingresos y gastos de Bazar Ltda. del ejercicio contable de 2023:

#	Fecha	Cuentas		Debe	Haber
22	31/Dic/2023	Ingreso por venta		$154.800	
		Ingreso financiero		$2.400	
			Resultados acumulados		$30.200
			Costo de venta		$77.400
			Gasto de sueldos		$40.000
			Gasto de depreciación		$4.000
			Gasto de arriendo		$600
			Gasto financiero		$5.000
	Glosa: Cierre de las cuentas de resultados de 2023.				

Para ajustar las cuentas de ingresos y gastos a un saldo de $0 al 31 de diciembre de 2023, es necesario "cargar" y "abonar" dichas cuentas por sus respectivos saldos correspondientes al cierre de ese año. Este procedimiento permite que estas cuentas no presenten un saldo inicial (SI) en 2024. Además, al realizar este asiento, se transfiere la utilidad del ejercicio de 2023 a los "resultados acumulados". Concretamente, se "abonan" los "resultados acumulados" en $30.200, reflejando así la utilidad generada en 2023. Este registro contable incrementa el patrimonio en $30.200 mediante el aumento en los "resultados acumulados". Por consiguiente, tras el cierre de las cuentas de resultados de 2023, el "mayor" de la cuenta de patrimonio "resultados acumulados" muestra un saldo final (SF) de $905.200. Esta cuenta refleja un saldo acreedor (SA), cuyo "mayor" queda de la siguiente manera:

	Resultados acumulados		
	Debe	**Haber**	
		$890.000	**SI**
(1)	$15.000	$30.200	(22)
	$15.000	**$920.200**	
		$905.200	**SF – SA**

Se observa que después de contabilizar el cierre contable de las cuentas de ingresos y gastos, el "mayor" de la cuenta de patrimonio "resultados acumulados" muestra un saldo final de $905.200 que coincide con el saldo presentado en el Estado de Situación Financiera al 31 de diciembre de 2023, como se explica detalladamente en la Parte 5 del desarrollo de este ejercicio.

Parte 8

Al finalizar el 2023 también se procede a cerrar las cuentas de activos, pasivos y patrimonio, cuya contabilización se presenta en el siguiente asiento contable:

#	Fecha	Cuentas		Debe	Haber
23	31/Dic/2023	Préstamos por pagar		$50.000	
		Intereses por pagar		$1.250	
		Cuentas por pagar		$10.000	
		Sueldos por pagar		$5.000	
		IRPA		$30.000	
		Capital		$952.800	
		Resultados acumulados		$905.200	
		Depreciación acumulada		$27.000	
			Efectivo		$1.249.650
			Depósitos a plazo		$20.900
			Cuentas por cobrar		$140.000
			Anticipos a proveedores		$8.000
			Inventario		$61.500
			APPA		$1.200
			Edificios		$500.000
	Glosa: Cierre de las cuentas de activos, pasivos y patrimonio de 2023.				

Se observa que al finalizar 2023 se cierran las cuentas de activos de Bazar Ltda. contabilizando un "abono" por su saldo final, mientras que sus cuentas de pasivos y patrimonio se cierran registrando un "cargo" por su saldo final. Por su parte, la cuenta "depreciación acumulada" se "carga" porque tiene saldo acreedor. Por último, tener en cuenta que el saldo del activo "APPA" es la suma de su porción de corto y largo plazo.

Parte 9

El cierre de las cuentas del Estado de Situación Financiera de Bazar Ltda. es temporal, ya que al inicio de 2024 se realiza la apertura de estas cuentas para que los "mayores" reflejen como saldo inicial el saldo con el que finalizaron 2023. En particular, las cuentas de activos se "cargan" en el asiento de apertura por el saldo que fue contabilizado en el asiento de cierre de 2023. En cambio, la cuenta "depreciación acumulada", las cuentas de pasivos y las cuentas de patrimonio se "abonan" por el saldo que fue contabilizado en el asiento de cierre de 2023. Así, el asiento de apertura de 2024 de Bazar Ltda. es el siguiente:

#	Fecha	Cuentas	Debe	Haber
1	1/Ene/2024	Efectivo	$1.249.650	
		Depósitos a plazo	$20.900	
		Cuentas por cobrar	$140.000	
		Anticipos a proveedores	$8.000	
		Inventario	$61.500	
		APPA	$1.200	
		Edificios	$500.000	
		Préstamos por pagar		50.000
		Intereses por pagar		$1.250
		Cuentas por pagar		$10.000
		Sueldos por pagar		$5.000
		IRPA		$30.000
		Capital		$952.800
		Resultados acumulados		$905.200
		Depreciación acumulada		$27.000
	Glosa: Apertura de las cuentas de activos, pasivos y patrimonio de 2024.			

Ejercicio 4

Carozzi S.A., empresa líder en alimentos, presenta a continuación los saldos de algunas de sus cuentas correspondientes a los años 2022 y 2023:

Cuentas	2023	2022
Préstamos por pagar	$80.000	$120.000
Arriendos por pagar	$70.000	$100.000
Anticipos a proveedores	$14.000	$24.000
Arriendos pagados por anticipado	$120.000	$100.000
Ingresos recibidos por anticipado	$40.000	$20.000
Resultados acumulados	$80.000	$70.000

Algunos de los movimientos del activo efectivo realizados por Carozzi S.A. en 2023 son:

Flujos de efectivo	2023
Pagos a proveedores de inventario	($30.000)
Pagos por anticipado de arriendos	($30.000)
Pagos de préstamos	$40.000
Cobros a clientes	$200.000
Pagos de deudas por arriendos	($90.000)

Se pide:

Basándose solamente en la información proporcionada, ¿cuánto es el monto de los arriendos devengados por Carozzi S.A. durante 2023?

Desarrollo del ejercicio

El total de arriendos devengados (gasto) en 2023 corresponde al "gasto de arriendo" de ese año. Según la información entregada, este gasto se compone por el consumo tanto de arriendos pagados por anticipado (APPA) como de arriendos no pagados por anticipado. Así, los siguientes asientos contables se deben contabilizar para devengar este gasto durante 2023:

#	Fecha	Cuentas	Debe	Haber
1	Año 2023	Gasto de arriendo	$X	
		APPA		$X
	Glosa: Devengo de arriendos pagados por anticipado.			
2	Año 2023	Gasto de arriendo	$Y	
		Arriendos por pagar		$Y
	Glosa: Devengo de arriendos que no se habían pagado por anticipado.			

Para calcular el "gasto de arriendo" se determinan los "abonos" contabilizados tanto en el activo "APPA" como en el pasivo "arriendos por pagar", ya que lo registrado en el "debe" es igual a lo contabilizado en el "haber". Se tiene información respecto del saldo inicial (SI) y saldo final (SF) de ambas cuentas, así como los "cargos" contabilizados durante 2023. En el caso del activo "APPA", este tiene un saldo deudor (SD) y los "cargos" equivalen a los desembolsos de efectivo asociados con los pagos de arriendos por anticipados listados en los flujos de efectivo, como se muestra en el asiento # 3. En cambio, el pasivo "arriendos por pagar" tiene un saldo acreedor (SA) y los "cargos" de 2023 son los pagos de la deuda por concepto de arriendos, como se puede observar en el asiento # 4.

#	Fecha	Cuentas	Debe	Haber
3	Año 2023	APPA	$30.000	
		Efectivo		$30.000
	Glosa: Pagos por anticipado de arriendos.			
4	Año 2023	Arriendos por pagar	$90.000	
		Efectivo		$90.000
	Glosa: Pagos de deudas por arriendos.			

Por tanto, con los saldos y teniendo en cuenta cómo se ven afectadas ambas cuentas por las transacciones que ocurren en 2023, se pueden preparar sus "mayores":

	APPA		
	Debe	**Haber**	
SI	**$100.000**		
Pagos por anticipado (3)	$30.000	X = $¿?	Arriendos devengados (1)
	$130.000	**$¿?**	
SD – SF	**$120.000**		

	Arriendos por pagar		
	Debe	**Haber**	
		$100.000	**SI**
Pagos de la deuda (4)	$90.000	Y = $¿?	Arriendos devengados (2)
	$90.000	**$¿?**	
		$70.000	**SF – SA**

Luego, como los registros en los "mayores" se pueden expresar como una ecuación, se determinan las *Incógnitas X* e *Y* que tienen relación con los arriendos devengados en 2023.

Arriendos pagados por anticipado:
El saldo final del activo "APPA" de 2023 se puede expresar como sigue:

$$SF_{2023} = \text{Sumatoria de Débitos}_{2023} - \text{Sumatoria de Créditos}_{2023}$$

$$SF_{2023} = (SI_{2023} + \text{Cargos}_{2023}) - \text{Abonos}_{2023}$$

$$SF_{2023} = (SI_{2023} + \text{Pagos por Anticipado}_{2023}) - \text{Arriendos Devengados}_{2023}$$

$$SF_{2023} = (SI_{2023} + \text{Pagos por Anticipado}_{2023}) - X_{2023}$$

Despejando la *Incógnita X*:

$$X_{2023} = SI_{2023} - SF_{2023} + \text{Pagos por Anticipado}_{2023}$$

Sustituyendo las variables por sus montos para determinar la *Incógnita X*:

$$X_{2023} = \$100.000 - \$120.000 + \$30.000$$

$$X_{2023} = \$10.000$$

Alternativamente, el saldo final del activo "APPA" es mayor a su saldo inicial en $20.000, por tanto, los "cargos" superan a sus "abonos" por $20.000 en 2023. Como los pagos de arriendos efectuados por anticipado en 2023 son de $30.000, entonces los "cargos" registrados en el activo "APPA" suman $30.000. En consecuencia, lo faltante es un "abono" de $10.000 por concepto de arriendos devengados para que la variación de la cuenta "APPA" sea $20.000.

Arriendos por pagar:
El saldo final del pasivo "arriendos por pagar" de 2023 se puede expresar como se presenta a continuación:

$$SF_{2023} = \text{Sumatoria de Créditos}_{2023} - \text{Sumatoria de Débitos}_{2023}$$

$$SF_{2023} = (SI_{2023} + \text{Abonos}_{2023}) - \text{Cargos}_{2023}$$

$$SF_{2023} = (SI_{2023} + \text{Arriendos Devengados}_{2023}) - \text{Pagos de la Deuda}_{2023}$$

$$SF_{2023} = (SI_{2023} + Y_{2023}) - \text{Pagos de la Deuda}_{2023}$$

Al despejar la *Incógnita Y*:

$$Y_{2023} = SF_{2023} - SI_{2023} + \text{Pagos de la Deuda}_{2023}$$

Sustituyendo las variables por sus montos para determinar la *Incógnita Y*:

$$Y_{2023} = \$70.000 - \$100.000 + \$90.000$$

$$Y_{2023} = \$60.000$$

En conclusión, los gastos por arriendos devengados por Carozzi S.A. durante 2023 son de $70.000 (*Incógnita X* + *Incógnita Y*). De este monto, se generaron $10.000 por el consumo de arriendos que se habían pagados por adelantado (*Incógnita X*) y $60.000 de arriendos consumidos en 2023 y que no están asociados a pagos por adelantado (*Incógnita Y*), como se muestra en el "mayor" de este gasto:

	Gasto de arriendo	
	Debe	**Haber**
SI	**$0**	
(1)	X = $10.000	
(2)	Y = $60.000	
	$70.000	**$0**
SD – SF	**$70.000**	

Los saldos de las otras cuentas como "préstamos por pagar", "anticipos a proveedores", "ingresos recibidos por anticipado" y "resultados acumulados" no se usan, ya que no responden las preguntas del enunciado. Lo mismo ocurre con los movimientos de efectivo como "pagos a proveedores", "pagos de préstamos" y "cobros a clientes".

Ejercicio 5

PC Factory Ltda., una empresa especialista en tecnología, presenta los siguientes saldos de algunas de sus cuentas para 2022 y 2023:

Cuentas	2023	2022
Efectivo	$90.000	$100.000
Cuentas por cobrar	$190.000	$140.000
Publicidad pagada por anticipado (PPPA)	$130.000	$150.000

Algunas de las transacciones realizadas por Carozzi S.A. en 2023 son:

Transacciones	2023
Pagos de publicidad por anticipado	$50.000
Cobros de cuentas por cobrar	$40.000
Devengo de gastos de publicidad pagados por anticipado	$70.000
Ventas de inventario a crédito	$90.000

SE PIDE:

1. Considerando solamente la información entregada, ¿cuánto es el valor de las sumatorias de débitos de las cuentas de PC Factory Ltda. al 31 de diciembre de 2023?
2. Tomando en cuenta únicamente la información entregada, ¿cuánto es el monto total de los "cargos" registrados por PC Factory Ltda. durante 2023?

DESARROLLO DEL EJERCICIO

Parte 1

Las transacciones que se derivan del enunciado se contabilizan de la siguiente manera:

#	Fecha	Cuentas	Debe	Haber
1	Año 2023	PPPA Efectivo	$50.000	 $50.000
	Glosa: Publicidad pagada por anticipado.			
2	Año 2023	Efectivo Cuentas por cobrar	$40.000	 $40.000
	Glosa: Cobros de cuentas por cobrar.			
3	Año 2023	Gasto de publicidad PPPA	$70.000	 $70.000
	Glosa: Devengo del consumo de publicidad pagada por anticipado.			
4	Año 2023	Cuentas por cobrar Ingreso por venta	$90.000	 $90.000
	Glosa: Ventas de inventario a crédito.			

Por lo tanto, los "mayores" de las cuentas registradas en los asientos son:

Efectivo

	Debe	Haber	
SI	**$100.000**		
(2)	$40.000	$50.000	(1)
	$140.000	**$50.000**	
SD – SF	**$90.000**		

Cuentas por cobrar

	Debe	Haber	
SI	**$140.000**		
(4)	$90.000	$40.000	(2)
	$230.000	**$40.000**	
SD – SF	**$190.000**		

PPPA

	Debe	Haber	
SI	**$150.000**		
(1)	$50.000	$70.000	(3)
	$200.000	**$70.000**	
SD – SF	**$130.000**		

Gasto de publicidad

	Debe	Haber	
SI	**$0**		
(3)	$70.000		
	$70.000	**$0**	
SD – SF	**$70.000**		

Ingreso por venta

Debe	Haber	
	$0	SI
	$90.000	(4)
$0	**$90.000**	
	$90.000	SF – SA

La sumatoria de débitos para las cuentas de activos es la suma del saldo inicial (SI) más los "cargos" del periodo. Tener en consideración que las cuentas de ingresos y gastos no tiene un saldo inicial. Así, en este caso, la suma de las sumatorias de débitos de las cuentas de PC Factory Ltda. al 31 de diciembre de 2023 es de $640.000, que se determina como sigue:

Cuentas	Sumatoria de débitos
Efectivo	$140.000
Cuentas por cobrar	$230.000
PPPA	$200.000
Gasto de publicidad	$70.000
Ingreso por venta	$0
Total	**$640.000**

Parte 2

Los "cargos" son los montos registrados en cada cuenta al "debe" durante el periodo, los que totalizan $250.000 para PC Factory Ltda. en 2023. El detalle de estos movimientos contables es el siguiente:

Cuentas	Cargos
Efectivo	$40.000
Cuentas por cobrar	$90.000
PPPA	$50.000
Gasto de publicidad	$70.000
Ingreso por venta	$0
Total	**$250.000**

Es importante destacar que los "cargos" registrados en 2023 no consideran el saldo inicial de las cuentas con saldo deudor.

Ejercicio 6

Ice Cream S.A. operador en Chile de las conocidas heladerías Savory, presenta a continuación los saldos de sus cuentas de propiedades, plantas y equipos, así como las cuentas relacionadas con este activo para los años 2022 y 2023:

Cuentas	2023	2022
Terrenos	$100.000	$80.000
Edificios	$120.000	$70.000
Depreciación acumulada	$20.000	$15.000
Gasto de depreciación	$10.000	$9.000
Pérdidas por ventas de edificios	$8.000	$2.000
Terrenos por pagar	$5.000	$0

Algunos flujos de efectivo ocurridos en 2023 son:

Flujos de efectivo	2023
Ventas de edificios	$67.000
Compras de terrenos	($15.000)

Información adicional:

- Las compras de propiedades, plantas y equipos se realizan a crédito y al contado. En cambio, las ventas de este tipo de activos son al contado.

SE PIDE:

De acuerdo con la información suministrada, ¿cuánto es el total de compras de propiedades, plantas y equipos realizadas por Ice Cream S.A.durante 2023?

DESARROLLO DEL EJERCICIO

Durante un ejercicio contable, las propiedades, plantas y equipos (PPE) pueden experimentar los siguientes movimientos: i) compras (aumentan su saldo), ii) ventas (disminuyen su saldo) y ii) depreciación (reduce su saldo). Es importante destacar que la depreciación se contabiliza en una cuenta distinta al costo de adquisición del activo (p. ej: "edificios", "terrenos" y "máquinas"), la que se conoce como "depreciación acumulada".

Terrenos:
Se conocen los siguientes antecedentes respecto de la cuenta de activo "terrenos":

- Los saldos inicial (SI) y final (SF) de 2023 son de $80.000 y $100.000, respectivamente.
- Tiene un saldo deudor (SD) y los terrenos no se deprecian.
- No se registraron ventas de terrenos en 2023, basándose en la ausencia tanto de entradas de efectivo como de ganancias o pérdidas asociadas con la venta de terrenos.

Por tanto, el "mayor" del activo "terrenos" se presenta como sigue:

	Terrenos	
	Debe	**Haber**
SI	**80.000**	
Compras (1)	X = $¿?	
	$¿?	**$0**
SD – SF	**$100.000**	

Para determinar las compras de terrenos (*Incógnita X*) se expresan los movimientos de este activo según la siguiente ecuación:

$$SF_{2023} = \text{Sumatoria de Débitos}_{2023} - \text{Sumatoria de Créditos}_{2023}$$
$$SF_{2023} = (SI_{2023} + \text{Cargos}_{2023}) - \text{Abonos}_{2023}$$
$$SF_{2023} = (SI_{2023} + \text{Compras}_{2023}) - \text{Ventas}_{2023}$$
$$SF_{2023} = (SI_{2023} + X_{2023}) - \text{Ventas}_{2023}$$

Despejando la *Incógnita X*:

$$X_{2023} = SF_{2023} - SI_{2023} + \text{Ventas}_{2023}$$

Sustituyendo las variables por sus montos para determinar la *Incógnita X*:

$$X_{2023} = \$100.000 - \$80.000 + \$0$$
$$X_{2023} = \$20.000$$

Respecto de la forma de pago de la compra de terrenos por \$20.000, se identifica un desembolso de \$15.000, presentado en el movimiento de los flujos de efectivo. Por esta razón, debió existir un crédito de \$5.000 para la compra, reflejado en el aumento del pasivo "terrenos por pagar" en 2023 respecto del 2022. Por tanto, el asiento contable que representa esta transacción se presenta a continuación:

#	Fecha	Cuentas	Debe	Haber
1	Año 2023	Terrenos	$20.000	
		Terrenos por pagar		$5.000
		Efectivo		$15.000
	Glosa: Compras de terrenos al contado y a crédito.			

Edificios:
Por el lado del activo "edificios" se observa un aumento de \$50.000 en 2023 respecto del 2022, determinado por la variación en los saldos del 2022 al 2023, lo que indica que se compraron edificios durante 2023. Sin embargo, no se puede afirmar que las compras fueron de \$50.000 en ese año, debido a que: i) este activo se deprecia, y ii) existe una pérdida de \$8.000 por las ventas de edificios.

Como se indicó anteriormente, la depreciación se contabiliza en la cuenta "depreciación acumulada", la que tiene un saldo acreedor (SA). Del enunciado se sabe que los saldos inicial y final de la cuenta "depreciación acumulada" son de \$15.000 y \$20.000 en 2023, respectivamente. Además, el "gasto de depreciación" es de \$10.000 en ese año, el que se debió registrar mediante el siguiente asiento contable:

#	Fecha	Cuentas	Debe	Haber
2	Año 2023	Gasto de depreciación	$10.000	
		Depreciación acumulada		$10.000
	Glosa: Reconocimiento de la depreciación de 2023.			

Por tanto, el "mayor" de la cuenta "depreciación acumulada" presenta los siguientes registros contables:

	Depreciación acumulada		
	Debe	**Haber**	
		$15.000	**SI**
Disminución por ventas (3)	Y = $¿?	$10.000	Devengo de la depreciación (2)
	$¿?	**$25.000**	
		$20.000	**SF – SA**

Se infiere del "mayor" anterior, que no se conoce el dato acerca de los "cargos" de 2023 (*Incógnita Y*), los que tienen relación con la disminución de esta cuenta producto de la venta de edificios. Cuando se venden PPE que se deprecian, implica dar de baja tanto su costo como su depreciación acumulada. Así, los movimientos de la cuenta "depreciación acumulada" se pueden expresar según la siguiente ecuación:

$$SF_{2023} = \text{Sumatoria de Créditos}_{2023} - \text{Sumatoria de Débitos}_{2023}$$

$$SF_{2023} = (SI_{2023} + \text{Abonos}_{2023}) - \text{Cargos}_{2023}$$

$$SF_{2023} = (SI_{2023} + \text{Devengo de la Depreciación}_{2023}) - \text{Disminución por Ventas}_{2023}$$

$$SF_{2023} = (SI_{2023} + \text{Devengo de la Depreciación}_{2023}) - Y_{2023}$$

Despejando la *Incógnita Y*:

$$Y_{2023} = SI_{2023} - SF_{2023} + \text{Devengo de la Depreciación}_{2023}$$

Sustituyendo las variables por sus montos para determinar la *Incógnita Y*:

$$Y_{2023} = \$15.000 - \$20.000 + \$10.000$$

$$Y_{2023} = \$5.000$$

Por lo tanto, la "depreciación acumulada" (DA) asociada con las ventas de edificios es de $5.000 (*Incógnita Y*). Si se considera adicionalmente que el valor recibido por las ventas es de $67.000 y que las ventas generaron pérdidas de $8.000, entonces se puede expresar la siguiente ecuación:

$$-\text{Pérdida por Venta de PPE}_{2023} = \text{Valor Recibido}_{2023} - \text{Valor Contable}_{2023}$$

$$-\text{Pérdida por Venta de PPE}_{2023} = \text{Valor Recibido}_{2023} - (\text{Costo}_{2023} - \text{DA}_{2023})$$

Despejando el costo del activo vendido (*Costo*):

$$\text{Costo}_{2023} = \text{Valor Recibido}_{2023} + \text{Pérdida por Venta de PPE}_{2023} + \text{DA}_{2023}$$

Sustituyendo las variables por sus montos para determinar el costo del activo vendido (*Costo*):

$$\text{Costo}_{2023} = \$67.000 + \$8.000 + \$5.000$$

$$\text{Costo}_{2023} = \$80.000$$

Con este último dato se puede presentar tanto el asiento contabilizado al momento de la venta como el "mayor" del activo "edificios":

#	Fecha	Cuentas	Debe	Haber
3	Año 2023	Efectivo	$67.000	
		Depreciación acumulada	$5.000	
		Pérdida por venta de edificios	$8.000	
		Edificios		$80.000
	Glosa: Ventas de edificios al contado.			

	Edificios		
	Debe	**Haber**	
SI	**$70.000**		
Compras (4)	Z = $¿?	$80.000	Ventas (3)
	$¿?	**$80.000**	
SD – SF	**$120.000**		

Luego, las compras de edificios (*Incógnita Z*) se pueden obtener a partir de la siguiente ecuación, que refleja las anotaciones en el "mayor" del activo "edificios":

$$\text{SF}_{2023} = \text{Sumatoria de Débitos}_{2023} - \text{Sumatoria de Créditos}_{2023}$$

$$\text{SF}_{2023} = (\text{SI}_{2023} + \text{Cargos}_{2023}) - \text{Abonos}_{2023}$$

$$\text{SF}_{2023} = (\text{SI}_{2023} + \text{Compras}_{2023}) - \text{Ventas}_{2023}$$

$$\text{SF}_{2023} = (\text{SI}_{2023} + \text{Z}_{2023}) - \text{Ventas}_{2023}$$

Despejando la *Incógnita Z*:

$$\text{Z}_{2023} = \text{SF}_{2023} - \text{SI}_{2023} + \text{Ventas}_{2023}$$

Sustituyendo las variables por sus montos para determinar la *Incógnita Z*:

$$Z_{2023} = \$120.000 - \$70.000 + \$80.000$$

$$Z_{2023} = \$130.000$$

Otra forma de obtener este resultado es usar la variación del "mayor" del activo "edificios" que es la diferencia entre los $120.000 y $70.000 ($50.000) y ya que el costo de edificios vendidos es de $80.000, entonces debió haber comprado edificios por valor de $130.000. En cuanto a la forma de pago de las compras de edificios, se deduce que son al contado, debido a que no hay un pasivo asociado con este activo. El asiento contable para contabilizar esta transacción es el siguiente:

#	Fecha	Cuentas	Debe	Haber
4	Año 2023	Edificios	$130.000	
		Efectivo		$130.000
	Glosa: Compras de edificios al contado.			

En definitiva, el total de compras de PPE realizadas por Ice Cream S.A.durante 2023 es de $150.000 (*Incógnita X* + *Incógnita Z*). De este monto, $130.000 corresponden a edificios (*Incógnita Z*) y los restantes $20.000 a terrenos (*Incógnita X*).

Ejercicio 7

Quillayes Surlat, una empresa chilena reconocida en la producción de productos lácteos, presenta a continuación los saldos de algunas de sus cuentas correspondientes a los años 2022 y 2023:

Cuentas	2023	2022
Efectivo	$70.000	$40.000
Cuentas por cobrar	$40.000	$20.000
Ingreso por venta	$¿?	$15.000
Inventario	$30.000	$10.000
Ingresos recibidos por anticipado	$4.000	$20.000
Resultados acumulados	$5.000	($10.000)

Además, algunos de los movimientos registrados en el activo "efectivo" en 2023 son:

Flujos de efectivo	2023
Cobros de cuentas por cobrar	$30.000
Pagos a proveedores de inventario	($7.000)
Ventas al contado	$100.000
Anticipos de clientes recibidos	$40.000
Pagos de sueldos	($2.000)

Información adicional:

- Las modalidades de pago de las ventas de inventario se realizan a crédito, al contado y mediante anticipos de clientes.

SE PIDE:

Con base en la información entregada, ¿cuánto es el "ingreso por venta" registrado por Quillayes Surlat en 2023?

DESARROLLO DEL EJERCICIO

La cuenta "ingreso por venta" de Quillayes Surlat se puede generar a partir de las ventas al contado, a crédito y la entrega de productos que los clientes habían pagado por adelantado. Es decir, las ventas pueden causar un aumento tanto en el activo "efectivo" como en el activo "cuentas por cobrar", así como una disminución del pasivo "ingresos recibidos por anticipado" (IRPA). Por consiguiente, el "ingreso por venta" de 2023 se contabiliza en los siguientes asientos:

#	Fecha	Cuentas	Debe	Haber
1	Año 2023	Efectivo	$X	
		Ingreso por venta		$X
	Glosa: Ventas al contado.			
2	Año 2023	IRPA	$Y	
		Ingreso por venta		$Y
	Glosa: Ventas a clientes que habían pagado por anticipado.			
3	Año 2023	Cuentas por cobrar	$Z	
		Ingreso por venta		$Z
	Glosa: Ventas a crédito.			

Ventas al contado:
Las ventas al contado de Quillayes Surlat en 2023 son de $100.000 (*Incógnita X*), según los flujos de efectivo.

Ventas a crédito:
Se conocen los siguientes antecedentes acerca del activo "cuentas por cobrar" para 2023:

- El saldo inicial (SI) es de $20.000 y el saldo final (SF) es de $40.000.
- De acuerdo con los flujos de efectivo, los cobros de cuentas por cobrar durante 2023 son de $30.000 y se contabilizan como sigue:

#	Fecha	Cuentas	Debe	Haber
4	Año 2023	Efectivo	$30.000	
		Cuentas por cobrar		$30.000
	Glosa: Cobros de cuentas por cobrar.			

Así, para determinar las ventas a crédito se analiza el "mayor" del activo "cuentas por cobrar", el que tiene un saldo deudor (SD). Este se presenta a continuación:

	Cuentas por cobrar		
	Debe	**Haber**	
SI	**$20.000**		
Ventas a crédito (3)	Z = $¿?	$30.000	Cobros (4)
	$¿?	**$30.000**	
SD – SF	**$40.000**		

Se observa que no se conoce el monto de las ventas a crédito (*Incógnita Z*), cuyo dato se puede obtener convirtiendo el "mayor" de las "cuentas por cobrar" en la siguiente ecuación:

$$SF_{2023} = \text{Sumatoria de Débitos}_{2023} - \text{Sumatoria de Créditos}_{2023}$$

$$SF_{2023} = (SI_{2023} + \text{Cargos}_{2023}) - \text{Abonos}_{2023}$$

$$SF_{2023} = (SI_{2023} + \text{Ventas a Crédito}_{2023}) - \text{Cobros}_{2023}$$

$$SF_{2023} = (SI_{2023} + Z_{2023}) - \text{Cobros}_{2023}$$

Despejando la *Incógnita Z*:

$$Z_{2023} = SF_{2023} - SI_{2023} + \text{Cobros}_{2023}$$

Sustituyendo las variables por sus montos para determinar la *Incógnita Z*:

$$Z_{2023} = \$40.000 - \$20.000 + \$30.000$$

$$Z_{2023} = \$50.000$$

Anticipos de clientes:
Para determinar las ventas generadas por anticipos de clientes se debe analizar las contabilizaciones registradas en la cuenta de pasivo "ingresos recibidos por anticipado" (IRPA), la que tiene un saldo acreedor (SA). Se conoce acerca de esta cuenta para 2023:

- El saldo inicial es de $20.000.

- El saldo final es de \$4.000.
- Según los movimientos de efectivo, los anticipos recibidos son de \$40.000. Esta entrada de dinero se contabiliza de la siguiente manera:

#	Fecha	Cuentas	Debe	Haber
5	Año 2023	Efectivo	\$40.000	
		IRPA		\$40.000
	Glosa: Anticipos de clientes recibidos.			

En este caso, el "mayor" de este pasivo queda como sigue:

	IRPA		
	Debe	**Haber**	
		\$20.000	**SI**
Ventas realizadas (2)	Y = \$¿?	\$40.000	Anticipos recibidos (5)
	\$¿?	**\$60.000**	
		\$4.000	**SF – SA**

Para determinar la *Incógnita Y*, que refleja la disminución de la obligación por la entrega de productos a los clientes que habían pagado por anticipado (a valor de venta), se expresa el "mayor" del pasivo "IRPA" mediante la siguiente ecuación:

$$SF_{2023} = \text{Sumatoria de Créditos}_{2023} - \text{Sumatoria de Débitos}_{2023}$$

$$SF_{2023} = (SI_{2023} + \text{Abonos}_{2023}) - \text{Cargos}_{2023}$$

$$SF_{2023} = (SI_{2023} + \text{Anticipos Recibidos}_{2023}) - \text{Ventas Realizadas}_{2023}$$

$$SF_{2023} = (SI_{2023} + \text{Anticipos Recibidos}_{2023}) - Y_{2023}$$

Despejando la *Incógnita Y*:

$$Y_{2023} = SI_{2023} - SF_{2023} + \text{Anticipos Recibidos}_{2023}$$

Sustituyendo las variables por sus montos para determinar la *Incógnita Y*:

$$Y_{2023} = \$20.000 - \$4.000 + \$40.000$$

$$Y_{2023} = \$56.000$$

Tras obtener este último dato, el "ingreso por venta" reconocido por Quillayes Surlat en 2023 asciende a \$206.000 (*Incógnita X + Incógnita Y + Incógnita Z*), como se detalla en su "mayor":

Ingreso por venta		
Debe	**Haber**	
	$0	**SI**
	X = $100.000	(1)
	Y = $56.000	(2)
	Z = $50.000	(3)
$0	**$206.000**	
	$206.000	**SF – SA**

En conclusión, del saldo final de $206.000 del "ingreso por venta", $100.000 se generaron por ventas al contado (*Incógnita X*), $50.000 debido a ventas a crédito (*Incógnita Z*) y $56.000 se explican por la disminución del pasivo "IRPA" (*Incógnita Y*). Es relevante destacar que los ingresos inician el año con un saldo de $0, por tanto, el "ingreso por venta" de $15.000 reconocido en 2022 no influye en el saldo de esta cuenta en 2023.

Ejercicio 8

SMU S.A., una destacada cadena de supermercados chilena, presenta a continuación los saldos de algunas de sus cuentas para los años 2022 y 2023:

Cuentas	2023	2022
Efectivo	$90.000	$100.000
Cuentas por pagar	$10.000	$20.000
Sueldos por pagar	$5.000	$4.000
Inventario	$30.000	$10.000
Ingresos recibidos por anticipado	$4.000	$20.000
Anticipos a proveedores	$30.000	$50.000
Pérdida por siniestro de inventario	$10.000	$0

Además, los principales movimientos de efectivo registrados durante 2023 son los siguientes:

Flujos de efectivo	2023
Pagos por anticipos a proveedores de inventario	($5.000)
Pagos de sueldos	($7.000)
Pagos de deudas a proveedores de inventario	($40.000)
Anticipos de clientes recibidos	$40.000
Pagos de arriendos	($2.000)

Información adicional:

- Las compras de inventario se realizan a crédito y con anticipos a proveedores.
- Las pérdidas ocasionadas por siniestros están asociadas con el inventario y, en este caso, no hay seguros comprometidos.

SE PIDE:

Considerando la información proporcionada, ¿cuánto es el "costo de venta" registrado por SMU S.A. en 2023?

DESARROLLO DEL EJERCICIO

El saldo de la cuenta "costo de venta" de SMU en 2023 refleja el costo del inventario vendido en ese año. Por esta razón, este gasto se puede determinar a partir del siguiente asiento:

#	Fecha	Cuentas	Debe	Haber
1	Año 2023	Costo de venta	$Y	
		Inventario		$Y
	Glosa: Costo del inventario vendido.			

En consecuencia, el "costo de venta" se obtiene a partir de los "cargos" registrados en 2023 en la cuenta de activo "inventario".

Inventario:
Se conoce acerca de este activo para 2023, el que tiene un saldo deudor (SD), lo siguiente:

- El saldo inicial (SI) es de $10.000. Por su parte, el saldo final (SF) es de $30.000.
- Ocurrió una pérdida de inventario por un siniestro, que implica la siguiente contabilización, considerando que no existen seguros comprometidos:

#	Fecha	Cuentas	Debe	Haber
2	Año 2023	Pérdida por siniestro	$10.000	
		Inventario		$10.000
	Glosa: Baja de inventario por siniestro.			

No se cuenta con información de las compras de inventario (*Incógnita X*). Por tanto, para determinar el costo del inventario (inv.) vendido (*Incógnita Y*) se necesita calcular las compras de inventario durante 2023. Según el enunciado, estas se realizaron a crédito y mediante anticipos a proveedores. Esto último es equivalente al siguiente registro contable:

#	Fecha	Cuentas	Debe	Haber
3	Año 2023	Inventario	$X	
		Anticipo a proveedores		$Z
		Cuentas por pagar		$W
	Glosa: Compras de inventario a crédito y mediante el uso de anticipos a proveedores.			

Por tanto, el "mayor" del activo "inventario" queda como sigue:

	Inventario Debe	Inventario Haber	
SI	**$10.000**		
Compras (3)	X = $¿?	Y = $¿?	Costo del inv. vendido (1)
		$10.000	Siniestro (2)
	$¿?	$¿?	
SD – SF	**$30.000**		

En resumen, para obtener el monto total de las compras de inventario en 2023 se necesita determinar los "abonos" registrados en ese año tanto en el pasivo "cuentas por pagar" (*Incógnita W*) como en el activo "anticipo a proveedores" (*Incógnita Z*).

Cuentas por pagar:
Esta cuenta de pasivo tiene un saldo acreedor (SA), siendo su saldo inicial de $20.000 y su saldo final de $10.000 en 2023. Por su parte, los pagos de deudas a proveedores en 2023 son de $40.000, que se contabilizan mediante el siguiente asiento:

#	Fecha	Cuentas	Debe	Haber
4	Año 2023	Cuentas por pagar	$40.000	
		Efectivo		$40.000
	Glosa: Pagos de cuentas por pagar a proveedores de inventario desde flujos de efectivo.			

Por tanto, el "mayor" del pasivo "cuentas por pagar" queda estructurado de la siguiente forma:

	Cuentas por pagar Debe	Cuentas por pagar Haber	
		$20.000	**SI**
Pagos (4)	$40.000	W = $¿?	Compras a crédito (3)
	$40.000	**$¿?**	
		$10.000	**SF – SA**

Para determinar la *Incógnita W*, que refleja las compras de inventario a crédito, se presentan los movimientos contables y saldos de este pasivo mediante la siguiente ecuación:

$$SF_{2023} = \text{Sumatoria de Créditos}_{2023} - \text{Sumatoria de Débitos}_{2023}$$

$$SF_{2023} = (SI_{2023} + \text{Abonos}_{2023}) - \text{Cargos}_{2023}$$

$$SF_{2023} = (SI_{2023} + \text{Compras a Crédito}_{2023}) - \text{Pagos}_{2023}$$

$$SF_{2023} = (SI_{2023} + W_{2023}) - \text{Pagos}_{2023}$$

Despejando la *Incógnita W*:

$$W_{2023} = SF_{2023} - SI_{2023} + \text{Pagos}_{2023}$$

Sustituyendo las variables por sus montos para determinar la *Incógnita W*:

$$W_{2023} = \$10.000 - \$20.000 + \$40.000$$

$$W_{2023} = \$30.000$$

Anticipos a proveedores:
Esta cuenta de activo presenta un saldo inicial de $50.000 y un saldo final de $30.000 en 2023. Desde los flujos de efectivo, se tiene que los pagos por anticipos a proveedores son de $5.000. Este último registro se contabiliza de la siguiente manera:

#	Fecha	Cuentas	Debe	Haber
5	Año 2023	Anticipos a proveedores	$5.000	
		Efectivo		$5.000
	Glosa: Anticipos realizados a proveedores.			

Con estos antecedentes, el "mayor" de la cuenta de activo "anticipo a proveedores" es el siguiente:

	Anticipos a proveedores		
	Debe	**Haber**	
SI	**$50.000**		
Anticipos realizados (5)	$5.000	Z = $¿?	Uso de anticipos (3)
	$55.000	**$¿?**	
SD – SF	**$30.000**		

Para determinar los "abonos" de esta cuenta (*Incógnita Z*) se expresa su saldo final mediante la siguiente ecuación:

SF_{2023} = Sumatoria de Débitos$_{2023}$ – Sumatoria de Créditos$_{2023}$

SF_{2023} = (SI_{2023} + Cargos$_{2023}$) – Abonos$_{2023}$

SF_{2023} = (SI_{2023} + Anticipos Realizados$_{2023}$) – Uso de Anticipos$_{2023}$

SF_{2023} = (SI_{2023} + Anticipos Realizados$_{2023}$) – Z_{2023}

Despejando la *Incógnita Z*:

Z_{2023} = SI_{2023} – SF_{2023} + Anticipos Realizados$_{2023}$

Sustituyendo las variables por sus montos para determinar la *Incógnita Z*:

Z_{2023} = \$50.000 – \$30.000 + \$5.000

Z_{2023} = \$25.000

Inventario (continuación):

Por tanto, las compras de inventario (*Incógnita X*) totalizan \$55.000 (*Incógnita X* = *Incógnita W* + *Incógnita Z*) en 2023, según el siguiente detalle: compras a crédito de \$30.000 (*Incógnita W*) e inventario recibido de proveedores por un costo de \$25.000 (*Incógnita Z*) que se había pagado por anticipado. Con este último dato, el "mayor" del activo "inventario" queda como sigue:

	Inventario		
	Debe	**Haber**	
SI	**\$10.000**		
Compras (3)	\$55.000	Y = \$¿?	Costo del inv. vendido (1)
		\$10.000	Siniestro (2)
	\$65.000	**\$¿?**	
SD – SF	**\$30.000**		

Luego, el costo del inventario vendido (*Incógnita Y*) se calcula aplicando la siguiente ecuación, que incluye los movimientos y saldos de la cuenta del activo "inventario":

SF_{2023} = Sumatoria de Débitos$_{2023}$ – Sumatoria de Créditos$_{2023}$

SF_{2023} = (SI_{2023} + Cargos$_{2023}$) – Abonos$_{2023}$

SF_{2023} = (SI_{2023} + Compras$_{2023}$) – (Costo del Inv. Vendido$_{2023}$ + Siniestro$_{2023}$)

SF_{2023} = (SI_{2023} + Compras$_{2023}$) – (Y_{2023} + Siniestro$_{2023}$)

Despejando la *Incógnita Y*:

Y_{2023} = SI_{2023} – SF_{2023} + Compras$_{2023}$ – Siniestro$_{2023}$

Sustituyendo las variables por sus montos para determinar la *Incógnita Y*:

$$Y_{2023} = \$10.000 - \$30.000 + \$55.000 - \$10.000$$

$$Y_{2023} = \$25.000$$

En conclusión, el "costo de venta" reconocido por SMU S.A. en 2023 corresponde a $25.000 (*Incógnita Y*), quedando su "mayor" de la siguiente manera:

	Costo de venta	
	Debe	**Haber**
SI	**$0**	
(1)	Y = $25.000	
	$25.000	**$0**
SD – SF	**$25.000**	

Ejercicio 9

WePlay Chile Ltda., una empresa especializada en la venta de videojuegos, presenta los siguientes saldos de algunas de sus cuentas para los años 2022 y 2023:

Cuentas	2023	2022
Dividendos por pagar	$40.000	$20.000
Ingreso por venta	$100.000	$90.000
Resultados acumulados	$70.000	$¿?
Costo de venta	$70.000	$65.000
Gasto de depreciación	$5.000	$5.000
Cuentas por cobrar	$10.000	$20.000
Gasto de arriendo	$15.000	$10.000
Gasto financiero	$15.000	$10.000

Además, algunos de los movimientos que se registraron en el activo "efectivo" de WePlay Chile Ltda. durante 2023 son:

Flujos de efectivo	2023
Pagos de dividendos	($30.000)
Anticipos de clientes recibidos	$40.000
Cobros de cuentas por cobrar a clientes	$110.000
Pagos de arriendos	($15.000)
Pagos de intereses	($5.000)

SE PIDE:

A partir de la información proporcionada, determinar el saldo de la cuenta "resultados acumulados" de WePlay Chile Ltda. al 31 de diciembre de 2022.

DESARROLLO DEL EJERCICIO

La cuenta de patrimonio "resultados acumulados" puede experimentar un incremento o disminución debido a la utilidad o pérdida generada en el ejercicio, respectivamente. Además, esta cuenta se reduce por los dividendos declarados en el mismo año.

El resultado del ejercicio de 2023 se obtiene del Estado de Resultados, que incluye solamente cuentas de ingresos y gastos, el que se muestra a continuación:

Estado de Resultados – WePlay Chile Ltda. Para el año 2023	
Ingreso por venta	$100.000
Costo de venta	($70.000)
Ganancia bruta	**$30.000**
Gasto de depreciación	($5.000)
Gasto de arriendo	($15.000)
Resultado operacional (EBIT)	**$10.000**
Gasto financiero	($15.000)
Pérdida del ejercicio	**($5.000)**

Por tanto, para reflejar la pérdida del ejercicio de 2023 en los "resultados acumulados", lo que disminuye su saldo, es necesario contabilizar el asiento de cierre de las cuentas de resultados de ese año. Dicho asiento se registra como sigue:

#	Fecha	Cuentas	Debe	Haber
1	31/12/2023	Ingreso por venta	$100.000	
		Resultados acumulados	$5.000	
		Costo de venta		$70.000
		Gasto de depreciación		$5.000
		Gasto de arriendo		$15.000
		Gasto financiero		$15.000
	Glosa: Asiento de cierre de las cuentas de resultados.			

En cuanto a los dividendos declarados, no se cuenta con esta información. Sin embargo, este dato se puede obtener a partir de los registros contables del pasivo "dividendos por pagar" y de los flujos de efectivo, presentados en los siguientes asientos:

#	Fecha	Cuentas	Debe	Haber
2	Año 2023	Resultados acumulados	$X	
		Dividendos por pagar		$X
	Glosa: Dividendos declarados en 2023.			
3	Año 2023	Dividendos por pagar	$30.000	
		Efectivo		$30.000
	Glosa: Pagos de dividendos desde los flujos de efectivo.			

En el primer asiento se contabilizan los dividendos declarados, que, en este caso, se debe determinar su monto (*Incógnita X*). En cambio, el segundo asiento registra los dividendos declarados y pagados, que según los movimientos de efectivo, corresponden a $30.000. Por tanto, los dividendos declarados se obtienen a partir de los "abonos" contabilizados en el pasivo "dividendos por pagar" que por partida doble tienen que ser iguales a los "cargos" de los "resultados acumulados".

En cuanto al pasivo "dividendos por pagar", que tiene un saldo acreedor (SA), se conoce su saldo inicial (SI) de $20.000, su saldo final (SF) de $40.000 y los dividendos pagados de $30.000. Los dividendos declarados es la variable por determinar (*Incógnita X*). Así, el "mayor" de este pasivo se presenta de la siguiente manera:

	Dividendos por pagar		
	Debe	**Haber**	
		$20.000	**SI**
Pagos de dividendos (3)	$30.000	$X	Dividendos declarados (2)
	$30.000	**$¿?**	
		$40.000	**SF - SA**

Como el saldo final de una cuenta de pasivo es la diferencia entre la sumatoria de créditos y la sumatoria de débitos, entonces el "mayor" del pasivo "dividendos por pagar" se puede expresar según la siguiente ecuación:

$$SF_{2023} = \text{Sumatoria de Créditos}_{2023} - \text{Sumatoria de Débitos}_{2023}$$

$$SF_{2023} = (SI_{2023} + \text{Abonos}_{2023}) - \text{Cargos}_{2023}$$

$$SF_{2023} = (SI_{2023} + \text{Dividendos Declarados}_{2023}) - \text{Pagos de Dividendos}_{2023}$$

$$SF_{2023} = (SI_{2023} + X_{2023}) - \text{Pagos de Dividendos}_{2023}$$

Despejando la *Incógnita X*:

$$X_{2023} = SF_{2023} - SI_{2023} + \text{Pagos de Dividendos}_{2023}$$

Sustituyendo las variables por sus montos para determinar la *Incógnita X*:

$$X_{2023} = \$40.000 - \$20.000 + \$30.000$$

$$X_{2023} = \$50.000$$

Con este último dato, el "mayor" de la cuenta de patrimonio "resultados acumulados" queda como sigue:

	Resultados acumulados		
	Debe	**Haber**	
		Y = $¿?	SI
Dividendos declarados (2)	$50.000		
Pérdida del ejercicio (1)	$5.000		
	$55.000	$¿?	
		$70.000	SF – SA

Al expresar el "mayor" de los "resultados acumulados", de acuerdo con la siguiente ecuación, se puede determinar su saldo inicial de 2023 (*Incógnita Y*):

$$SF_{2023} = \text{Sumatoria de Créditos}_{2023} + \text{Sumatoria de Débitos}_{2023}$$

$$SF_{2023} = (SI_{2023} + \text{Abonos}_{2023}) - \text{Cargos}_{2023}$$

$$SF_{2023} = (SI_{2023} + \text{Utilidad}_{2023}) - (\text{Pérdida}_{2023} + \text{Dividendos Declarados}_{2023})$$

$$SF_{2023} = (Y_{2023} + \text{Utilidad}_{2023}) - (\text{Pérdida}_{2023} + \text{Dividendos Declarados}_{2023})$$

Despejando la *Incógnita Y*, considerando que, en este caso, hay una pérdida del ejercicio:

$$Y_{2023} = SF_{2023} + \text{Pérdida}_{2023} + \text{Dividendos Declarados}_{2023}$$

Sustituyendo las variables por sus montos para determinar la *Incógnita Y*:

$$Y_{2023} = \$70.000 + \$5.000 + \$50.000$$

$$Y_{2023} = \$125.000$$

En conclusión, el saldo inicial de 2023 de los "resultados acumulados" de WePlay Chile Ltda. es de $125.000 (*Incógnita Y*). Tenga en cuenta que el saldo inicial o el saldo final de los "resultados acumulados" puede ser deudor cuando este refleja una pérdida acumulada, en cuyo caso la sumatoria de débitos será mayor a la sumatoria de créditos e indicará que disminuye el patrimonio.

Ejercicio 10

Cencosud S.A., un *holding* que opera en países de Latinoamérica principalmente en el rubro minorista, presenta los saldos de las siguientes cuentas para los años 2022 y 2023:

Cuentas	2023	2022
Efectivo	$290.000	$400.000
Cuentas por pagar	$60.000	$20.000
Depreciación acumulada	$130.000	$90.000
Inventario	$100.000	$70.000

Algunos de los registros contables realizados por Cencosud S.A. en 2023 son:

Transacciones	2023
Compras de inventario a crédito	$70.000
Compras de inventario al contado	$80.000
Reconocimiento del costo del inventario vendido	$120.000
Devengo de la depreciación	$40.000
Pagos de deudas a proveedores de inventario	$30.000

SE PIDE:

1. Basándose solamente en la información entregada, calcular la suma de las sumatorias de créditos de Cencosud S.A. al 31 de diciembre de 2023.
2. A partir de la información entregada, calcular el monto total de los "abonos" contabilizados por Cencosud S.A. durante 2023.

DESARROLLO DEL EJERCICIO

Parte 1

Las transacciones que se derivan del enunciado se contabilizan como sigue:

#	Fecha	Cuentas	Debe	Haber
1	Año 2023	Inventario	$70.000	
		Cuentas por pagar		$70.000
	Glosa: Compras de inventario a crédito.			
2	Año 2023	Inventario	$80.000	
		Efectivo		$80.000
	Glosa: Compras de inventario al contado.			
3	Año 2023	Costo de venta	$120.000	
		Inventario		$120.000
	Glosa: Costo del inventario vendido.			
4	Año 2023	Gasto de depreciación	$40.000	
		Depreciación acumulada		$40.000
	Glosa: Reconocimiento de la depreciación del ejercicio.			
5	Año 2023	Cuentas por pagar	$30.000	
		Efectivo		$30.000
	Glosa: Pagos de cuentas por pagar.			

Al traspasar la información de los asientos a los "mayores", estos quedan como sigue:

	Efectivo		
	Debe	**Haber**	
SI	**$400.000**		
		$80.000	(2)
		$30.000	(5)
	$400.000	**$110.000**	
SD – SF	**$290.000**		

	Inventario		
	Debe	**Haber**	
SI	**$70.000**		
(1)	$70.000	$120.000	(3)
(2)	$80.000		
	$220.000	**$120.000**	
SD – SF	**$100.000**		

	Gasto de depreciación	
	Debe	**Haber**
SI	**$0**	
(4)	$40.000	
	$40.000	**$0**
SD – SF	**$40.000**	

	Costo de venta	
	Debe	**Haber**
SI	**$0**	
(3)	$120.000	
	$120.000	**$0**
SD – SF	**$120.000**	

	Cuentas por pagar		
	Debe	**Haber**	
		$20.000	**SI**
(5)	$30.000	$70.000	(1)
	$30.000	**$90.000**	
		$60.000	**SF – SA**

Depreciación acumulada		
Debe	**Haber**	
	$90.000	**SI**
	$40.000	(4)
$0	**$130.000**	
	$130.000	**SF – SA**

La sumatoria de créditos en las cuentas de activos y gastos coinciden con los "abonos" registrados en el periodo. En cambio, para las cuentas de pasivos y complementarias de activos ("depreciación acumulada"), la sumatoria de créditos corresponde a la suma de saldo inicial (SI) más los "abonos" contabilizados en el periodo. Así, la suma de las sumatorias de créditos de Cencosud S.A. al 31 de diciembre de 2023 es de $450.000, que se determina como sigue:

Cuentas	Sumatoria de créditos
Efectivo	$110.000
Inventario	$120.000
Gasto de depreciación	$0
Costo de venta	$0
Cuentas por pagar	$90.000
Depreciación acumulada	$130.000
Total	**$450.000**

Parte 2

Los "abonos" son los montos registrados al "haber" en cada periodo, los que totalizan $340.000 para Cencosud S.A. en 2023, según el siguiente detalle:

Cuentas	Abonos
Efectivo	$110.000
Inventario	$120.000
Gasto de depreciación	$0
Costo de venta	$0
Cuentas por pagar	$70.000
Depreciación acumulada	$40.000
Total	**$340.000**

Hay que recordar que los "abonos" no consideran el saldo inicial de las cuentas con saldo acreedor, sino solo los movimientos del período.

www.ingramcontent.com/pod-product-compliance
Lightning Source LLC
LaVergne TN
LVHW082238051026
849532LV00012B/4028